图像处理与视觉测量

李明磊　著

中国原子能出版社

图书在版编目（CIP）数据

图像处理与视觉测量 / 李明磊著. -- 北京 ：中国原子能出版社，2019. 11 (2021.9重印)
ISBN 978-7-5221-0216-0

Ⅰ. ①图… Ⅱ. ①李… Ⅲ. ①机器人视觉-图象处理-高等学校-教材②计算机视觉-测量-高等学校-教材
Ⅳ. ①TP242. 6②TP3

中国版本图书馆 CIP 数据核字（2019）第 271239 号

图像处理与视觉测量

出版发行 中国原子能出版社（北京市海淀区阜成路 43 号 100048）
责任编辑 胡晓彤
责任校对 鹿小雪
印　　刷 三河市明华印务有限公司
经　　销 全国新华书店
开　　本 787mm×1092mm 1/16
印　　张 10. 75
字　　数 200 千字
版　　次 2019 年 11 月第 1 版 2021 年 9 月第 2 次印刷
书　　号 ISBN 978-7-5221-0216-0 **定　价** 66. 00 元

网址：http：//www. aep. com. cn E-mail：atomep123@126. com
发行电话：010-68452845

前　言

随着时代的进步，人们为了能够及时、快速地传输和了解世界各地发生的新鲜事，对图像处理和视觉测量展开了系统的研究。图像处理和视觉测量是一门实用性、综合性的交叉学科，它综合了计算机、自动化、数学形态学、集成技术、光学、物理学、视觉心理学等众多研究领域的知识。随着计算机软硬件技术的发展，图像处理与视觉测量在各个领域的应用更加广泛，从空间的宏观探索到微观的系统研究，从深空探测到自动识别，从航天技术到医学研究，从卫生遥感到自主导航等都融合了图像处理与视觉测量的知识。目前，在经济一体化的影响下，人们已经意识到图像处理与视觉测量是认知世界、改造世界的重要手段，是新时代的高新科学技术。

图像处理始于20世纪初期，图像处理主要研究的是图像预处理、图像变换、图像增强、图像复原、图像特征提取、图像匹配、图像融合、图像识别等。随着信息化的发展，以及数字计算机的普及和应用，图像处理有了前所未有的突破。例如，二值图像的处理和分析有很大的进展，对三维景物的理解也有了很大的突破。尤其是近年来，在众多学科相互交叉、整合的影响下，图像处理逐渐渗透到其他学科领域，已经成为云计算、大数据、工程学等领域的重点研究对象。

视觉是人类最高级的感知，计算机视觉是视觉测量的理论基础。视觉测量主要采用图像传感作为测量信息的主要获取手段，并以图像作为测量信息的重要源头和主要载体。除了具有信息量大的特点外，还具有自动化、容错性好的优点。视觉测量是计算机视觉与精密测量完美结合的产物，其研究和应用始于20世纪六七十年代，作为机器视觉的重要部分成功解决了实际应用中现场测量的问题。因此，视觉测量受到广泛关注。

纵观市面上与之相关的书籍，要么将图像处理与视觉测量隔离开来，要么理论性过强，缺乏一定的实用性。本书弥补了上述书籍的缺陷，实现了图像处理与视觉测量的完美融合。本书共七章。第一章主要是对图像处理与视觉测量的概述，其内容包括图像处理的基础知识、计算机视觉以及视觉测量的研究内容与发展，为下文的论述作铺垫。第二章到第四章主要从图像预处理技术、形态学处理、特征与提取三大方面对图像处理的相关知识进行系统分析和论述，突出了图像处理的重点。第五章重点从摄像机标定、三角测量、立体视觉测量、三维重建等方面对视觉测量的原理和技术进行分析，是论述视觉测量不可缺少的部分。第六章是在前五章的基础上，对图像的匹配、识别与融合问题进行分析。最后一章从应用的角度对图像处理与视觉测量进行探讨。

本书与其他书籍相比，具有以下两个特色。

第一，紧跟时代，内容全面。本书紧跟时代的发展，并结合最新的学术动态，将图像处理与视觉测量融合在一起进行分析。同时，从图像处理和视觉测量的理论基础、原理、技术和应用等方面进行系统阐述，体现了内容全面的特点。

第二，实用性强。本书不仅对图像处理与视觉测量的理论知识进行分析和探讨，还对图像处理与视觉测量的实际应用进行阐述，避免了理论的枯燥、乏味，增加了文章的可读性。

本书在写作过程中，查阅了很多与之相关的资料，吸收了很多的最新研究成果，借鉴了很多专家的观点，在此表示感谢！由于图像处理和视觉测量是一个动态的发展过程，加之个人能力有限，书中难免有疏漏或不妥之处，请广大读者批评指正。

目 录

第一章　图像处理与视觉测量概述

视觉是人类最高级的感知，图像是人类获取信息的重要途径，承载着更加丰富、直观的信息，在人类感知中扮演着非常重要的角色。本章主要介绍图像处理与视觉测量的基础知识。

第一节　图像处理概论

一、图像处理的相关定义

（一）图像的定义

图像（image）具有多种含义，其中最常见的一种定义是指各种图形和影像的总称。从广义上说，图像是自然界景物的客观反映，是人类认识世界和人类本身的重要知识源泉。它是用各种观测系统以不同形式和手段观测客观世界而获得的，可以直接或间接作用于人眼进而产生视觉的实体。人的视觉系统就是一个观测系统，通过它得到的图像就是客观景物在人眼中形成的影像。图像信息不仅包含光通量分布，还包含人类视觉的主观感受。随着计算机技术的迅速发展，人们还可以人为地创造出色彩斑斓、千姿百态的各种图像。

总之，图像是对客观对象的一种相似性的、生动性的描述或写真。图像是客观对象的一种表示，它包含了有关被描述对象的信息，它是人们最主要的获取信息的来源。

（二）图像处理的定义

图像处理（image processing）是对图像进行一系列操作以达到预期目标的技术。图像处理又分为模拟图像处理和数字图像处理。

模拟图像处理（analog image processing）是利用光学、照相方法对模拟图像的处理。光学的模拟图像处理方法已有很长的历史，在激光全息技术出现后，它得到了进一步发展。尽管光学图像处理理论日臻完善，且处理速度快、信息容量大、分辨率高，又非常经济，但处理精度不高、稳定性差、设备笨重、操作不方便和工艺水平较低等因素限制了它的发展速度。从 20 世纪 60 年代起，随着电子计算机技术的进步，数字图像处理获得了飞跃发展。

数字图像处理（digital image processing）离不开计算机，所以又称为计算机图像处理，它是指为达到某种预期目的，将图像信号转换成数字信号并利用计算机对其进行处理的过程。数字图像处理是对数字图像进行分析、加工和处理，使其满足人们视觉和心理的要求。目前，数字图像处理在很多领域都有着广泛的应用。

二、图像处理的方法

图像处理的方法种类繁多，根据不同的分类标准可以得到不同的分类结果。根据图像处理方法处理的作用域不同，主要可以将图像处理方法分为空域图像处理方法和变换域图像处理方法。

（一）空域图像处理方法

空域图像处理方法是指在空间域内直接对图像进行处理。在处理时，既可以直接对图像各像素点进行灰度上的变换处理，也可以对图像进行小区域模板的空域滤波等处理，以充分考虑像素邻域像素点对其的影响。

空域图像处理方法主要分为两大类，即邻域处理法和点处理法。

（二）变换域图像处理方法

变换域图像处理方法是通过各种图像变换方法将图像从空域变换到相应的变换域，得到变换域系数阵列，然后在变换域中对图像进行处理，处理完成后再将图像从变换域进行反变换到空间域，得到最后的处理结果。

变换域图像处理方法所使用的图像变换主要有傅里叶变换、离散余弦变换、沃尔什变换、哈达玛变换、小波变换和轮廓波变换等。

三、图像处理的内容

图像处理的内容相当丰富，包括狭义的图像处理、图像分析与图像理解。

狭义的图像处理着重强调在图像之间进行的变换，是一个从图像到图像的

过程，是比较低层的操作。狭义的图像处理主要是对图像进行各种加工，以改善图像的视觉效果，或对图像进行压缩编码以减少所需存储空间或传输时间，达到传输通路的要求。其特点是主要在像素级进行处理，处理的数据量非常大。

图像分析一般利用数学模型并结合图像处理的技术分析底层特征和上层结构，从而提取具有一定智能性的信息。图像分析主要是对图像中感兴趣的目标进行检测和测量，从而建立对图像目标的描述。图像分析是一个从图像到数值或符号的过程。

图像理解则是在图像分析的基础之上，基于人工智能和认知理论研究图像中各目标的性质和它们之间的相互联系，理解图像内容的含义及解译原来的客观场景，从而指导和规划行动。如果图像分析主要是以观察者为中心研究客观世界（主要研究可观察到的对象）的，那么图像理解在一定程度上是以客观世界为中心，借助知识、经验等把握整个客观世界的。

四、数字图像处理的特点

（一）再现性好

数字图像处理与模拟图像处理的根本不同在于，它不会因图像的存储、传输或复制等一系列变换操作而导致图像质量的退化。只要图像在数字化时准确地表现了原稿，那么数字图像处理过程就始终能保持图像的再现，人类视觉能够直观地观察图像。

（二）处理精度高

根据目前的技术，几乎可将一幅模拟图像数字化为任意大小的二维数组，这主要取决于图像数字化设备的能力。现代扫描仪可以把每个像素的灰度等级量化为 16 位甚至更高，这意味着图像的数字化精度可以达到满足任一应用需求。对计算机而言，不论数组大小，也不论每个像素的位数多少，其处理程序几乎是一样的。换言之，从原理上讲，不论图像的精度有多高，处理总是能实现的，只要在处理时改变程序中的数组参数就可以了。对比图像的模拟处理，为了要把处理精度提高一个数量级，就要大幅度地改进处理装置，这在经济上是极不划算的。

（三）适用领域广泛

图像可以来自多种信息源，它们可以是可见光图像，也可以是不可见的波谱图像（如 X 射线图像、γ 射线图像、超声波图像或红外图像等）。从图像反映的客观实体尺度看，可以小到电子显微镜图像，大到航空照片、遥感图像，甚至天文望远镜图像。这些来自不同信息源的图像只要被变换为数字编码形式后，均可用二维数组表示的灰度图像组合而成并且均可用计算机来处理。彩色图像也是由灰度图像组合而成的，如 RGB 图像由红、绿、蓝 3 个灰度图像组合而成。也就是说，只要针对不同的图像信息源，采取相应的图像信息采集措施，图像的数字处理方法适用于任何一种图像。

（四）灵活性强

图像处理大体上可分为图像的像质改善、图像分析和图像重建 3 大部分，每一部分均包含丰富的内容。由于图像的光学处理从原理上讲只能进行线性运算，这极大地限制了光学图像处理能实现的目标。而数字图像处理不仅能完成线性运算，而且能实现非线性处理，即凡是可以用数学公式或逻辑关系来表达的一切运算均可用数字图像处理实现。

（五）图像数据量庞大

图像中包含丰富的信息，数字图像的数据量十分巨大。一幅数字图像是由图像矩阵中的像素组成的。通常每个像素用红、绿、蓝 3 种颜色表示，每种颜色用 8 位表示灰度级。一幅 1024×1024 不经过压缩的真彩色图像，数据量达到 3 MB。

（六）占用频带较宽

与语音信号相比，数字图像占用的频带要大几个数量级。如视频图像的带宽约为 56 MHz，而语音信号的带宽约为 4 kHz。因此，现代多媒体通信对视频信号的传输、处理、存储提出了更高的技术要求。

（七）图像质量评价受主观因素的影响

数字图像处理后的结果通常都是图像，经过处理的图像是供人们观察和评价的，因此受观察者的主观因素影响较大。

（八）数字图像处理涉及技术领域广泛

数字图像处理涉及技术领域相当广泛，如计算机技术、电子技术、通信技术等。数学、光学、模式识别等理论在数字图像处理中都得到了应用。

第二节　图像处理基础

一、点运算

在图像处理中，点运算是一类简单且具有代表性的算法之一，也是其他处理运算的基础。运用点运算可以改变图像数据的灰度值范围。

若输出图像中每个像素点的灰度值仅由输入图像相应像素点的灰度值确定，则称这种处理为点运算（point operation）。点运算不同于邻域运算（local operation）。在邻域运算中，每个输出像素的灰度值由输入图像对应像素的一个邻域内若干像素点的灰度值共同决定。因此，点运算不会改变图像内各像素的空间位置关系。

（一）点运算的分类

点运算从数学上可以分为线性和非线性点运算两类。

1. 线性点运算

线性点运算是指输入图像的灰度级与输出图像的灰度级呈线性关系。

2. 非线性点运算

非线性点运算一般考虑非减的灰度变换函数。非线性的灰度变换函数的斜率均为正数，这类函数保留了图像的基本外貌。

（二）点运算的运用

由于点运算能有规律地改变像素点的灰度值，因而点运算有时又被称为灰度变换（gray-scale transformation，GST）。因此，通过恰当定义数学运算的形式，点运算可用于改善图像数字化设备或图像数字显示设备的某些局限性。

1. 对比度增强

在一些数字图像中，技术人员所关注的特征可能仅占整个灰度级范围非常小的一部分。点运算可以扩展所关注部分的灰度信息的对比度，使之占据可显示灰度级的更大部分。该方法有时被称为对比度增强（contrast enhancement）或对比度拉伸（contrast stretching）。

2. 光度学标定

人们常常希望数字图像的灰度能反映诸如光照强度、光密度等某些物理特性，通过去掉图像传感器的非线性影响，点运算可达到该目的。例如，假设一幅图像被一个对光照强度呈非线性关系的仪器所数字化，点运算可以通过适当的灰度变换运算，使灰度级与光照强度的等步长增量匹配。

点运算的另一个用处是变换灰度的单位。假定有一个图像数字化器，用来数字化一幅显微镜下观察到的图像，其产生的灰度值与标本的透射率呈线性关系。点运算可用来产生一幅图像，该图像的灰度级可代表光学密度的等步长增量。光度学标定通常作为图像数字化的软件部分。

3. 显示标定

一些显示设备通常具有能突出图像视觉特征的优选灰度范围。使用这样的显示设备时，数字图像中具有相同对比度的较暗和较亮的特征，在显示时却不能以同样的性能表现出来。在这种情况下，用户可利用点运算让感兴趣的所有特征同等突出地显示出来。

一些显示设备不能保持数字图像上像素的灰度值和显示屏幕上相应点的亮度之间的线性关系，同样，许多胶片记录仪不能线性地将灰度值转换为光密度。这一缺点也可以通过点运算予以克服，即在图像显示之前，先设计合理的点运算关系。另外，可将点运算和显示非线性组合起来互相抵消，以保持在显示图像时的线性关系。这一过程就是所谓显示标定（display calibration）。

少数情况下，非线性显示关系对于图像的表示也具有一定的作用。例如，电视机或 CRT 显示器的校正就是利用了这种非线性关系；点运算可纠正或调整显示的值。

点运算有时被视为强化细节或增加图像某些部分的对比度的图像处理步骤。然而，由于信息实际上包含在数字图像中，所以实际要做的工作是使感兴趣部分的灰度级与显示设备的对比度范围匹配起来。显示标定和对比度增强也经常作为数字图像显示的软件部分。

4. 轮廓线

点运算可为图像加上轮廓线。用户可以应用点运算进行阈值化，根据灰度级可将一幅图像划分成一些不连接的区域，有助于在后续处理中确定边界或用于定义掩膜。

5. 剪裁

因为数字图像通常以整型格式存储，所以可用的灰度级范围是有限的。对于 8 bit 图像，在每个像素值被存储之前，输出灰度级的范围一定要被裁剪到 0 ~255 之间。

二、代数运算

代数运算是指对两幅输入图像进行点对点的加、减、乘、除运算而得到输出图像的运算。另外，还可通过适当的组合，形成多于两幅图像的复合代数运算。

（一）加法运算

图像相加一般用于对同一场景的多幅图像求平均，以便有效地降低加性噪声。通常，图像采集系统在采集图像时有这类参数可供选择。对于一些经过长距离模拟通信方式传送的图像（如太空航天器传回的星际图像），这种处理是不可缺少的。当噪声可以用同一个独立分布的随机模型表示和描述时，则利用求平均值方法降低噪声信号，提高信噪比非常有效。

在实际应用中，要得到一静止场景或物体的多幅图像是比较容易的。如果这些图像被一加性随机噪声源所污染，则可通过对多幅静止图像求平均值来达到消除或降低噪声的目的。在求平均值的过程中，图像的静止部分不会改变，而由于图像的噪声是随机性的，各不相同的噪声图案累积得很慢，因此，可以通过多幅图像求平均值降低随机噪声的影响。

（二）减法运算

图像相减常用于检测变化及运动的物体。图像相减运算又称为差分运算，或称为差影法。差分运算可以分为可控制环境下的简单差分方法和基于背景模型的差分方法。在可控制环境下，或者在很短的时间间隔内，可以认为背景是固定不变的，直接使用差分运算检测变化或运动物体。

（三）乘法运算

乘法运算可用来遮住图像的某些部分，其典型运用是用于获得掩膜结果图。对于需要保留下来的区域，掩膜图像的值置为 1，而在需要被抑制的区域，掩膜图像的值置为 0。

一般情况下，利用计算机图像处理软件生成掩膜图像的步骤如下。

（1）新建一个与原始图像大小相同的图层，图层文件一般保存为二值图像文件。

（2）用户在新建图层上人工勾绘出所需要保留的区域，区域的确定也可以由其他二值图像文件导入或由计算机图形文件（矢量）经转换生成。

（3）确定局部区域后，将整个图层保存为二值图像，选定区域内的像素点值为 1，非选定区域像素点值为 0。

（4）将原始图像与步骤（3）形成的二值图像进行乘法运算，即可将原始图像选定区域外像素点的灰度值置0，而选定区域内像素的灰度值保持不变，得到与原始图像分离的局部图像，即掩膜结果图。

掩膜技术也可以灵活应用。例如，可以增强选定区域外的图像而对区域内的图像不做处理。这时，需要用掩膜技术作预处理，将二值图像中区域外像素点置1，而区域内的像素点置0。

掩膜图像技术还可以应用于图像局部增强。一般的图像增强处理都是对整幅图像进行操作，但在实际应用中，往往需要只对图像的某一局部区域进行增强，以突出某一具体的目标。若这些局部区域所包含的像素点数目相对于整幅图像来讲非常小，则在计算整幅图像的统计量时其影响几乎可以忽略不计，因此，以整幅图像的变换或转移函数为基础的增强方法对这些局部区域的影响也非常小，难于达到理想的增强效果。

（四）除法运算

除法运算的典型运用是比值图像处理。例如，除法运算可用于校正成像设备的非线性影响，在特殊形态的图像（如以CT为代表的医学图像）处理中用到。此外，除法运算还经常用于消除图像数字化设备随空间变化所产生的影响，并可用于产生多光谱图像处理中非常有用的比率图像，有兴趣的读者可参阅这方面的专著。

三、色度学基础与颜色模型

（一）分辨率

1. 图像分辨率

图像分辨率是指每英寸图像含有多少个点或像素，即ppi（pixel per inch）。图像分辨率越高，画面细节越丰富，因为单位面积的像素数量更多，画面会更细腻。在像素值总数不变的情况下，将图像分辨率调高，则图像实际打印尺寸变小，调高的上限为300 dpi，比它再高也不能提高打印质量。

图像分辨率的单位为dpi。例如，300 dpi表示图像每英寸含有300个点或像素。在数字图像中，分辨率的大小直接影响图像的质量。分辨率越高，图像细节越清晰，但产生的图像文件尺寸越大，同时处理的时间也越长，对设备的要求也越高。所以在制作图像时，要根据需要合理地选择分辨率。

另外，图像的尺寸、图像的分辨率和图像文件的大小三者之间有着密切的联系。图像的尺寸越大，图像的分辨率越高，图像文件也就越大。因此，调整

图像的大小和分辨率即可以改变图像文件的大小。

2. 屏幕分辨率

显示器上每单位长度显示的像素或点的数量称为屏幕分辨率，通常也是以每英寸的点数（dpi）来表示的。屏幕分辨率取决于显示器的大小及其像素设置，由计算机的显卡决定。标准的 VGA 显卡的分辨率是 640×480 点（像素），即水平方向 640 点（像素），垂直方向 480 点（像素）。现在高性能的显卡已经支持 1280×1024 像素以上的分辨率。

3. 打印机分辨率

打印机分辨率又称为输出分辨率，是指打印机输出图像时每英寸的点数（dpi）。打印机分辨率决定了输出图像的质量，打印机分辨率高，可以减少打印的锯齿边缘，在灰度的半色调表现上也会较为平滑。打印机的分辨率可达到 300 dpi 以上，甚至 720 dpi，此时需要使用特殊纸张，而较老机型的激光打印机的分辨率通常为 300~360 dpi。由于超微细碳粉技术的成熟，新型激光打印机的分辨率可达到 600~1200 dpi，作为专业排版输出已经绰绰有余了。

（二）色度学基础

对于灰度图像而言，图像的像素值反映光强，它是二维空间变量的函数，表示为 $f(x, y)$。把灰度值看成二维空间变量和光波长的函数，表示为 $f(x, y, \lambda)$，用于表示多光谱图像，即彩色图像。在计算机上显示一幅彩色图像时，每一个像素的颜色是通过 3 种基本颜色红、绿、蓝合成的，即最常见的 RGB（red，green，blue）颜色模型。要理解颜色模型，首先应该了解人类的视觉系统。

1. 三色原理

在人类的视觉系统中，存在着杆状细胞和锥状细胞两种感光细胞。杆状细胞为暗视器官，锥状细胞是明视器官，在照度足够高时起作用，并且能够分辨颜色。锥状细胞将电磁光谱的可见部分分为 3 个波段：红、绿、蓝。由于这个原因，这 3 种颜色被称为三基色。

根据人眼的结构，所有颜色都可看作 3 种基本颜色（R、G、B）按照不同的比例组合而成的。为了建立统一的标准，国际照明委员会（CIE）早在 1931 年就规定了 3 种基本色的波长分别为 700 nm（R）、546.1 nm（G）、435.8 nm（B）。将这 3 种单色光作为表色系统的三基色，这就是 CIE 的 R、G、B 颜色表示系统。

一幅彩色图像的像素值可看作光强和波长的函数值 $f(x, y, \lambda)$，但在实际使用时，将其看作一幅普通二维图像，且每个像素有红、绿、蓝 3 个灰度值会更直观些。

2. 颜色的 3 个属性

颜色是外界光刺激作用于人的视觉器官而产生的主观感觉。颜色分为两大类：非彩色和彩色。非彩色是指黑色、白色和介于这两者之间深浅不同的灰色，也称为无色系列。彩色是指除了非彩色以外的各种颜色。颜色有 3 个基本属性，分别是色相、饱和度和亮度。基于这 3 个基本属性，提出了一种重要的颜色模型 HSI（hue，saturation，intensity）。

3. 颜色模型

为了科学地定量描述和使用颜色，人们提出了各种颜色模型。目前常用的颜色模型按用途可分为两类：一类是面向诸如视频监视器、彩色摄像机或打印机之类的硬件设备；另一类是面向以彩色处理为目的的应用，如动画中的彩色图形。面向硬件设备的最常用颜色模型是 RGB 模型，而面向彩色处理的最常用模型是 HSI 模型。

四、凸透镜成像

人眼和照相机的成像原理都是光线经过凸透镜投影到成像平面上。凸透镜是一种常见的透镜，中间厚、两端薄，至少有一个表面制成球面，或两个表面都制成球面，能够会聚光线。

（一）成像原理

由物理学可知，凸透镜成像是利用光的折射和光的直线传播原理成像。在光学中，由实际光线会聚成的像，称为实像，能够用光屏接收；反之，则称为虚像，只能由眼睛看到。物体放在焦点之外，在凸透镜另一侧成倒立的实像，实像有缩小、等大、放大三种。人眼所成的像，是实像还是虚像？人眼的结构相当于一个凸透镜，那么外界物体在视网膜上所成的像，一定是实像。根据凸透镜的成像原理，视网膜上的物像应该是倒立的。但是，由于大脑皮层的调整作用以及生活经验的影响，所看到的物体实际上是正立的。

凸透镜成像原理如图 1-1 所示，物体的位置不同，凸透镜会成不同的像。当物体与凸透镜的距离大于凸透镜的焦距时，物体成倒立的像，这个像是光线经过凸透镜会聚而成的，是实际光线的会聚点，能用光屏接收，是实像。物体与凸透镜的距离大于凸透镜的 2 倍焦距时，物体成倒立、缩小的实像。当物体从较远处向凸透镜靠近时，物像逐渐变大，物像到凸透镜的距离也逐渐变大。当物体与凸透镜的距离在焦距与 2 倍焦距之间时，物体成倒立、放大的实像。当物体与凸透镜的距离小于焦距时，物体成放大的像，这个像不是实际折射光线的会聚点，而是它们反向延长线的交点，用光屏接收不到，是虚像。

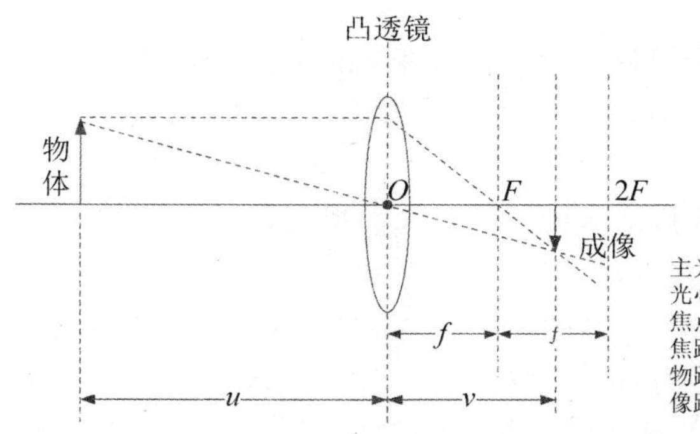

图 1-1　凸透镜成像原理示意图

平行于主光轴的光线入射到凸透镜时，凸透镜将所有的光线聚集于一点，再以锥状形式扩散开来，所有光线的会聚点称为焦点。在成像平面上，若点源的光线经过凸透镜后会聚于一点，则所成的像是清晰的，这种现象称为聚焦，若点源的光线经过凸透镜后不是会聚一点，而是形成一个扩大的圆，这个圆称为弥散圆（circle of confusion），则所成的像是模糊的，这种现象称为散焦。

（二）人眼的视觉模型

人眼通过对光线的作用做出反应而产生视觉。人眼是一种具有复杂结构的器官，但是本质上人眼对景物的成像符合凸透镜成像原理。

1. 人眼成像结构

图 1-2 显示了简化的人眼结构剖面图，人眼由瞳孔、晶状体和视网膜三个主要部分构成。人眼与数字照相机具有类似的结构：瞳孔的大小由虹膜控制，瞳孔的作用类似于数字照相机的光圈；来自外界物体的光线通过晶状体聚焦，晶状体的作用类似于数字照相机的镜头；会聚的光线在视网膜的感光细胞（视锥细胞和视杆细胞）上成像，视网膜的作用类似于数字照相机的成像传感器。

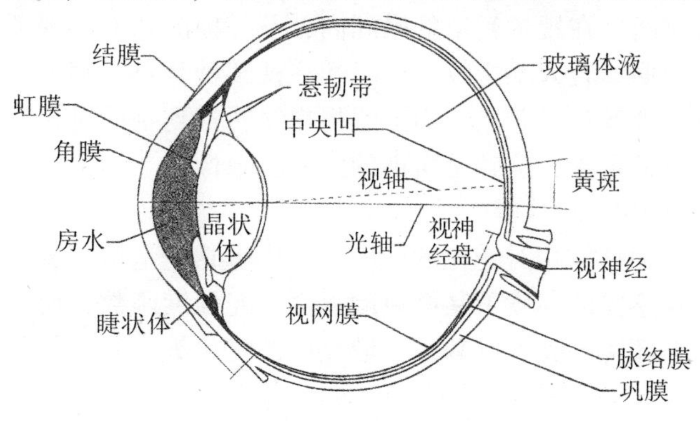

图 1-2　人眼结构剖面图

2. 人类视觉特性

通过观察人类视觉现象并结合视觉生理学、心理学的实验，研究发现了人类视觉系统（human visual system，HVS）的许多特性。

（1）明暗视觉与视觉范围。

人眼具有高动态范围和明暗亮度适应的特性。人类视觉系统能够适应的光强度级范围高达13个对数单位，视觉范围从 10^{-6} ~ 10^{6} cd/m^2，但是并不是同时在这个范围内工作，人眼同时观察的动态范围是 10^{3} cd/m^2。坎德拉（Candela）是光强度的单位，符号为cd。

人眼从较亮的环境转到较暗的环境时，眼前一片漆黑，不能立刻看清物体；同样，从较暗的环境转到较亮的环境，眼前一片光亮，也不能立刻看清物体。但是，人眼能够根据场景照度的变化，自动调节对亮度的适应过程。人眼适应明暗条件变化的过程称为明暗亮度适应。从亮到暗的过程称为暗适应，从暗到亮的过程称为亮适应。

（2）分辨力。

人眼中央凹处的分辨力最高，因此，人眼在观察物体时，为了看得清楚，眼球会不断转动，并调节瞳孔的大小，自动地促使物体成像落在中央凹处。人类视觉对细节的分辨力与物体所处的背景亮度和对比度、物体的运动速度和颜色都有关。当背景偏亮或偏暗时，人类视觉敏感度较低，当与背景的对比度偏低时，人类视觉的分辨力较弱。当物体的运动速度增大时，人眼的分辨力下降。人眼对颜色的分辨力比对灰度的分辨力差。因此，在YUV颜色表示的数字视频中，对色度分量空间分辨率的采样比对亮度分量的采样率低。

（3）视觉暂留。

视觉暂留指光对视网膜所产生的视觉在光的作用终止后，仍能保留短暂时间的现象。这是由视神经的反应速度造成的，视神经的反应时间大约1/25 s。电影的拍摄和放映是视觉暂留的具体应用，在一帧图像消失后，其影像会在视觉中保留一段时间，在视觉暂留的时间内，下一帧图像又出现了，就会在视觉中形成连续的画面。若人眼持续一段时间注视某种颜色，则视网膜上的视觉细胞会慢慢适应这种颜色的刺激，当瞬间将视线转移到别处时，就会出现与刚才看到的颜色互补的余像，这就是所谓的互补色余像。

（4）对比敏感度。

对比度是一种亮度相对变化的量度。对比敏感度是指人类视觉分辨亮度差异的能力。人眼感受的亮度不是简单的取决于光强度函数，而是受到很多因素的影响，如周围环境的亮度、邻近区域亮度的变化等。

(5) 主观轮廓。

主观轮廓通常是指实际上并不存在，只是视觉上认为存在的轮廓线。人类的视觉具有连接性，人眼可以填充不存在的信息。

(6) 视觉错觉。

视觉错觉指人类视觉错误地感知物体的几何、尺寸、颜色、动态特征等，而造成视觉感知与事实不相符合的现象。

(7) 掩盖效应。

掩盖效应是指一个激励的出现会影响另一个激励的可见性。人类视觉的掩盖效应主要有三种：①对比度掩盖：在图像中的很亮或很暗区域，人眼对失真的敏感度减弱；②纹理掩盖：与平坦区域中的噪声相比，人眼对边缘或纹理区域中的噪声有更弱的敏感度；③运动掩盖和切换掩盖：当视频中场景高速运动或发生镜头切换时，人眼对失真的敏感度减弱。

第三节 计算机视觉

一、计算机视觉的概念

视觉测量技术的理论基础是计算机视觉（computer vision），计算机视觉也称为机器视觉（machine vision），可以实现人类视觉系统理解外部世界、完成各种测量和判断的功能。计算机视觉是利用计算机对采集的图像或视频进行处理，实现对客观世界三维场景的感知、识别和理解。

计算机视觉不仅能模拟人眼所能完成的动作，更重要的是它能完成人眼所不能胜任的工作。在一些不适合人工作业的危险工作环境或人工视觉难以满足要求的场合，常用计算机视觉来替代人类视觉，以提高生产的柔性和自动化程度；同时，在大批量工业生产过程中，用人类视觉检查产品质量效率低且精度不高，用计算机视觉检测方法则可以大大提高生产效率。此外，计算机视觉易于实现信息集成，是实现计算机集成制造的基础技术。

计算机视觉是一个相当新且发展十分迅速的研究领域，它既是工程领域，也是科学领域中一个富有挑战性的重要研究领域。计算机视觉是一门综合性的学科，它已经吸引了来自各个学科的研究者加入对它的研究之中，其中包括计算机科学和工程、信号处理、物理学、应用数学和统计学、神经生理学和认知科学等学科的研究人员。美国把对计算机视觉的研究列为对经济和科学有广泛影响的科学和工程中的重大基本问题，即所谓的重大挑战（grand challenge）。虽然目前还不能够使机器也具有像人类等生物那样高效、灵活和通用的视觉，但计算机视觉在简单视觉应用方面的精确性、可靠性和更为宽广的波谱感受范围等方面的独特优势使其研究和应用正在进一步扩大。

二、计算机视觉的发展

计算机视觉技术源于20世纪50年代，经过几十年的发展，各种研究理论与研究方法层出不穷，研究内容已经从最初的二维图像分析扩展到当前的三维复杂场景理解。

20世纪50年代，计算机视觉的研究开始于统计模式识别，当时的工作主要集中在二维图像的简单分析和识别上，如光学字符识别，工件表面、显微图片和航空图片的分析和解释等。

20世纪60年代，Roberts将环境限制在所谓的“积木世界”，即周围的物体都是由多面体组成，需要识别的物体可以用简单的点、直线、平面的组合来表示。通过计算机程序从数字图像中提取出诸如立方体、楔形体、棱柱体等多面体的三维结构，并对物体形状及物体的空间关系进行描述。Roberts的研究工作开创了以理解三维场景为目的的三维计算机视觉的研究领域。

较为完整的视觉理论于20世纪70年代被首次提出，同时出现了一些视觉应用系统。20世纪70年代中期，麻省理工学院（Massachusetts Institute of Technology，MIT）人工智能（Artificial Intelligence，AI）实验室正式开设“计算机视觉”课程，由国际著名学者B. K. P. Horn教授讲授。同时，MIT AI实验室吸引了国际上许多知名学者参与计算机视觉的理论、算法、系统设计的研究，英国的David Marr教授就是其中的一位。他于1973年应邀在MIT AI实验室创建并领导一个以博士生为主体的研究小组，从事视觉理论方面的研究。1977年，Marr提出了不同于“积木世界”分析方法的计算视觉理论（computational vision theory）——Marr视觉理论，该理论在20世纪80年代成为计算机视觉研究领域中的一个十分重要的理论框架。

20世纪80年代中期，计算机视觉获得蓬勃发展，新概念、新方法和新理论不断涌现。

20世纪90年代中期，计算机视觉技术进入一个深入发展、广泛应用时期，它的功能以及应用范围随着工业自动化的发展逐渐完善和推广。特别是目前图像传感器、嵌入式技术、图像处理和模式识别等技术的快速发展，大大地推动了计算机视觉的发展。

三、计算机视觉的研究内容

下面从输入设备、低层视觉、中层视觉、高层视觉和体系结构五方面介绍计算机视觉的主要研究内容。

（一）输入设备

输入设备（input device）包括成像设备和数字化设备。成像设备是指通过光学摄像机或红外、激光、超声、X 射线对周围场景或物体进行探测成像，之后使用数字化设备得到关于场景或物体的二维或三维数字化图像。

获取数字化图像是计算机视觉系统的最基本的功能。目前用于视觉研究的大多数输入设备是商品化的产品，如 CCD 黑白或彩色摄像机、数字扫描仪、超声成像探测仪、CT（计算机断层扫描）成像设备等。但这些商品化的输入设备远远不能满足实际的需要，因此，仍有许多研究人员在研究各种性能先进的成像系统，如红外成像系统、激光成像系统，还有所谓的计算成像系统（computational imaging system），即每一个像元（或若干像元）对应一个简单的处理器，这样可以适应复杂场景动态变化的场合。

（二）低层视觉

低层视觉（low level vision）主要对输入的原始图像进行处理。这一过程借用了大量的图像处理技术和算法，如图像滤波、图像增强、边缘检测等，以便从图像中抽取诸如角点、边缘、线条、边界以及色彩等关于场景的基本特征。这一过程还包含了各种图像变换（如校正）、图像纹理检测、图像运动检测等。

（三）中层视觉

中层视觉（middle level vision）的主要任务是恢复场景的深度、表面法线方向、轮廓等有关场景的 2.5 维信息，实现的途径有立体视觉（stereo vision）、测距成像（range finder）、运动估计（motion estimation）以及利用明暗特征、纹理特征等进行形状恢复的方法。系统标定、系统成像模型等研究内容一般也在这个层次上进行。

（四）高层视觉

高层视觉（high level vision）的主要任务是在以物体为中心的坐标系中，在原始输入图像、图像基本特征、2.5 维图的基础上，恢复物体的完整三维图，建立物体三维描述，识别三维物体并确定物体的位置和方向。

另外，主动视觉（active vision）涵盖了上述各个层次的研究内容。在 CT 和 SAR（合成孔径雷达）中，使用了图像重建这一处理方式。

（五）体系结构

体系结构（system architecture）这一术语最通常的含义是指在高度抽象的层次上，根据系统模型而不是根据实现设计的具体例子来研究系统的结构。体系结构研究涉及一系列相关的课题，包括并行结构、分层结构、信息流结构、拓扑结构以及从设计到实现的途径。

四、计算机视觉研究面临的问题

目前人们所建立的各种视觉系统大多数是只适用于某一特定环境或应用场合的专用系统，而要建立一个可与人类视觉系统相比拟的通用视觉系统是非常困难的，主要原因体现在以下几方面。

（一）图像多义性

三维场景被投影为二维图像时丢失了深度信息和不可见部分的信息，因而会出现不同形状的三维物体投影在图像平面上产生相同图像的问题。另外，在不同角度获取同一物体的图像会有很大的差异。因此，需要附加的约束才能解决从图形恢复景物时的多义性。

（二）环境因素影响

场景中的诸多因素，包括背景光照、光源角度、物体形状、摄像机以及空间关系变化、空气条件、表面颜色都会对投影的图像有影响，当任何一个因素发生变化时，都会对图像产生影响；并且所有的这些因素都归结到一个单一的测量结果，即图像的灰度。要确定各种因素对灰度的作用和大小是很困难的。

（三）理解自然景物需要大量知识

理解自然景物需要用到大量的知识，例如，要用到阴影、纹理、立体视觉、物体大小的知识；关于物体的专门知识或通用知识，可能还有关于物体间关系的知识等，由于所需的知识量大，难以简单地用人工进行输入，可能要通过自动知识获取方法来建立。

（四）数据量大

灰度图像、彩色图像、深度图像的信息量十分巨大，巨大的数据量需要很大的存储空间，同时不易实现快速处理。

为了解决计算机视觉所面临的问题，研究人员不断寻求新的途径和手段，例如，主动视觉，面向任务的视觉（task-oriented vision），基于知识、基于模型的视觉，以及多传感融合和集成视觉等方法，其中人们越来越重视对知识的应用。我们会看到，计算机视觉系统的最大特征是，在视觉的各个阶段，系统尽可能地进行自动运算。为此，系统需要使用各种知识，包括特征模型、成像过程、物体模型和物体间的关系。如果计算机视觉系统不使用这些知识，则其应用的范围及其功能将十分有限。因此，视觉系统应该使用那些可以被明确表示的知识，以使系统具有更高的适应性和鲁棒性。合理地使用知识不仅可以有效地提高系统的适应性和鲁棒性，而且可以求解计算机视觉中较难的问题。

人类视觉系统具有高分辨率特点，并且具有立体观察、优越的识别能力和灵活的推理能力。视觉机理的复杂深奥使有些学者不禁感叹道：如果不是因为有人类视觉系统作为通用视觉系统的实例存在的话，甚至都怀疑能不能找到建立通用视觉系统的途径。正因为如此，赋予机器以人类视觉功能一直是几十年来人们不懈追求的奋斗目标。

第四节　视觉测量的研究内容

一、视觉摄像机

视觉测量中选用的摄像机通常是性能稳定的基于固态图像传感器（CCD、CMOS）的固态摄像机，其中图像传感器是基础，其性能参数对测量结果有直接的影响。固态图像传感器的性能分为两类：光电性能和几何特征。光电性能决定了图像性能质量，包括光谱范围、信号动态范围、噪声水平、响应速度等，它们对应用环境、测量方式（静态、动态）、测量精度（细分精度）都有极其重要的影响；为满足精度要求，对图像传感器的几何特征参数也有一定要求，主要表现在图像传感器感光像元尺寸一致性和感光芯片表面的平面度两方面。目前的微电子制造工艺可以保证感光像元尺寸的一致性 RMS（方均根误差）达到了 0.1～0.2 μm，仅为单个像元尺寸的 1/60～1/100，在实际测量中可以不考虑尺寸一致性的影响，但感光芯片表面的平面度问题就复杂一些，有研究测试表明：普通图像传感芯片表面的平面度甚至达到了 10 μm，大于一个像素尺寸，已经对测量精度构成威胁，遗憾的是目前还没有统一的方法对其进行数学建模，消除该项误差。

按性能的不同，视觉测量中常用的摄像机有模拟视频摄像机（Standard Video Format Camera）、高分辨率数字摄像机（High Resolution Camera）和静态视频摄像机（Still Video Camera，俗称数码相机）几类。

二、成像模型及其参数确定

成像过程是一个三维物体空间到二维图像空间的映射过程，所谓成像模型是指建立这种映射关系的精确定量数学描述。在视觉测量系统中，摄像机是作为一个基本的传感元件使用的，摄像机模型的复杂性及精度直接决定着测量结果精度。一般来说，描述摄像机模型有两类方法：一类是基于摄像机成像过程和自身物理参数的成像模型；另一类是抽象的，基于投影变换关系的模型。在视觉测量技术的研究中，前者有明确的物理基础，便于误差校正和补偿，是主要的模型形式。按模型的复杂性与适用范围，成像模型大致可分为针孔成像模型（pin-hole）、直接线性变换模型（DLT）和摄影测量模型等。

成像模型中参数的确定是通过标定过程实现的，通常分为直接标定法和自标定法。直接标定法是通过建立已知空间点（控制点）三维坐标及其对应成像点的二维像面坐标之间的对应关系确定模型参数：对于较小视场的成像，可以通过精确的共面或非共面的靶标建立控制点的三维物点和二维特征像点的对应；对于较大视场的成像，可以通过大型 CMM 构造较大空间的三维控制点。

直接标定方法直观，是主要的标定方法，但对于更大的视场空间，设置高精度的三维（二维）控制点非常困难，标定过程繁琐，且标定结果受控制点空间坐标精度的影响，容易产生误差。较彻底的解决途径是消除标定过程中需要控制点的三维坐标已知这一约束条件，将控制点的空间坐标值作为未知变量代入模型中，在标定过程中，同时解算模型参数和控制点的空间坐标，即采用自标定技术。自标定技术是基于空间光束定向交会原理的摄像机标定技术，其基本思路是：在空间简单设置标定控制点，控制点的空间坐标未知，摄像机在不同的姿态条件下，获取视场中控制点的图像，处理得到控制点的像面坐标。

根据光束定向交会原理，同一控制点在摄像机不同姿态下对应的成像光束在空间应当交会于一点，由此得到包含摄像机模型参数和控制点坐标的非线性约束方程组，从中可以解算出模型参数、控制点坐标以及摄像机姿态。自标定的本质是将摄像机的姿态、控制点的空间坐标以及模型参数均作为未知量，以

控制点的成像光束在空间交会作为已知条件，建立非线性的大规模方程组，从中解算摄像机模型参数，从原理上消除了直接标定方法中要求控制点三维坐标已知的局限性。

三、结构标定与系统标定

在精密测量领域，标定环节是实现和保证精度的关键。对于视觉测量而言，被测对象（空间三维尺寸）是通过分析二维图像特征坐标得到的，除光学成像外，还涉及图像传输、图像处理、结构设计、系统组建等多个环节，精度控制和标定问题更加突出。除了确定摄像机参数的标定过程外，视觉测量中的标定问题还包括视觉传感器（结构光、立体视觉）结构参数标定以及系统标定。结构参数标定是指通过标定而非精密调整的方式，确定视觉传感器的结构参数；系统标定是指对于大型视觉测量系统，确定多个视觉传感器之间精确姿态的方法，以确保所有测量传感器在同一个系统坐标系中工作，并建立和被测工件坐标系之间的关系。

四、高精度亚像素图像处理

图像处理是视觉测量的基础算法，也是决定测量精度的关键环节。受到成本的制约，目前工业领域内使用的成像器件一般在千万像素，单方向（X、Y）上像素在 3000 左右，对于（10~20）$\times10^{-6}$量级的高精度测量，必须采用精密的亚像素图像处理技术。

高精度亚像素图像处理算法建立在高质量图像和精确预定义模式特征的基础上。在高精度应用场合，待处理的图像特征点是应当预先定义的，其模式和图像质量可以控制，利用亚像素算法，可以将特征点的处理精度提高到亚像素甚至更高的水平。在图像质量严格保证的前提下，已经能够稳定实现约 0. 01 像素的细分精度。质心法、基于灰度相关匹配法和基于边缘的拟合法是三种有效的亚像素图像处理算法。

五、光学编码与辅助光学靶标

理论上，视觉测量只能实现对光学目标点的测量，测量对象应当具有明显、可识别的图像特征。通常的被测物体没有明显的图像特征，为保证图像处理精度和测量自动化的可靠实现，需要在被测物体上放置光学标记（点），并且需要对目标点进行光学编码，便于自动处理和识别。

设计编码方案时，应考虑以下几个方面：

（1）编码容量。不同的测量系统需要测量点的数量是不同的，如果需要同时测量多个点，则必须保证编码有足够的容量，使每个编码对应一个测量点。

（2）编码距离。为确保编码的自动识别率，应设计合理的编码距离。

（3）对比度。应当使光学编码有足够的对比度，保证图像质量。

（4）定位标记。编码中，应设计合理的精密定位标记，该标记作为编码特征点的基准位置，如圆心、十字线等。

对于更一般的被测点，如复杂工件（物体）表面上的点，由于视场条件的限制，不能直接通过光学编码标记的方法进行测量，可以借助精密光学靶标来解决，光学靶标是一种辅助测量工具，由精密测球和若干光学编码标记点组成。

采用辅助光学靶标技术，以点测量为基础，原则上可以实现通用的坐标测量，但这种测量方法对于某些应用效率较低，如工装夹具中的平面、棱边直线、空间平面交点的测量等。针对这些问题，可以充分利用光学非接触自动测量的优点，设计专用辅助靶标，适用特定的被测对象，实现高效测量。

六、大范围视觉测量系统

在大型工业制造现场，测量空间大，被测物体（工件）外形复杂，采用单个或少量摄像机测量，精度得不到保证，且往往存在严重的视线遮蔽，不能完成测量任务。为此需要以单个视觉传感器为基础，组建大型（空间）视觉测量系统，一般有两类技术方案：多传感器固定式视觉测量系统和基于测量机器人的柔性视觉测量系统。

多传感器固定式视觉测量系统由多个传感器（根据需要选择结构光传感器或立体视觉传感器）组成，每个传感器对应一个或多个被测点，传感器数量由具体测量要求决定，所有传感器固定安装在一个基础支撑结构（框架）上，并通过总线连接到主计算机，组成一个完整的系统。

多传感器固定式视觉测量系统的特点是：

（1）测量精度高。在系统校准后，测量精度只和传感器（测头）的测量精度有关，理论上可以达到传感器的测量精度。

（2）测量速度快。多传感器同时工作，可以获得很高的测量速度。

（3）可维护性好。精度易于保证：检测站中没有任何运动部件，不存在机械磨耗，长期运行精度可以得到有效保证。

（4）成本较高。随着测量点数量增多，传感器数量增加，系统成本会相应提高。

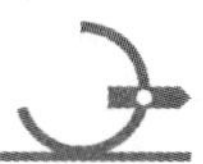

对于测量点较多，且空间（姿态）复杂的应用，可以考虑采用基于机器人的柔性测量方案。

基于机器人柔性视觉测量的特点是：

（1）适用性好。借助机器人灵活的多自由度关节运动，测量传感器可以在测量空间内实现最佳的测量姿态，满足复杂空间内的测量要求。

（2）柔性好。通过对机器人平台的编程控制，可以方便地改变测量空间内的传感器分布，快速地实现不同的测量任务。

（3）测量精度适中。系统测量精度受到传感器（测头）精度和机器人运动精度两方面影响，低于多传感器固定式测量系统的精度。

（4）有效成本控制。随着测量点数量的增加，系统的制造成本显著降低，但测量速度也受到一定影响。

七、移动视觉测量

工业现场测量中，还有一类静态测量问题，测量空间大，需要从多个方位（视角）测量，移动式多站视觉测量是较好的方法。所谓移动视觉测量是指使用单个手持相机（如数码相机），从不同的方位姿态拍摄被测物体，得到多幅测量图像，根据摄影测量理论中的共线性约束、共面性约束等约束条件，解算被测物点的空间三维坐标。

八、视觉测量自动化

视觉测量建立在光学成像、图像处理基础上，信息量大、非接触和高效率是其最主要的优势，测量自动化技术与算法在视觉测量的研究中占有重要地位。

视觉测量中的图像分析和处理是一个复杂的过程，要同时满足高可靠性和高精度两方面要求，有两条主要解决途径。其一，根据应用条件，对场景（图像）做出有效的约束，提供充分的先验知识，降低算法复杂性，提高可靠性。其二，借助共线性和共面性等几何约束条件，消除特征识别和匹配中的多义性，减小搜索空间，保证算法可靠。

优化问题和优化算法是视觉测量自动化的另一个重要方面。视觉测量中涉及的摄像机空间位姿确定（定向）、各个摄像机之间空间关系确定（标定）、特征点对应与匹配等都涉及非线性优化问题，随着对精度要求的提高和测量点的增加，优化问题的规模和难度明显增大：对视觉测量而言，建立合理的优化模型，研究有效的优化算法对提高测量精度，保证测量稳定性，增强应用方便性非常重要。

第五节　视觉测量的发展

一、实现在线实时检测

视觉测量系统大多用在工业现场及工业生产线中，实现在线实时检测是视觉测量进入实际应用的关键。视觉测量执行时间在很大程度上取决于低层图像处理速度。因此，使用专用硬件实现独立于环境的处理算法，可大大提高图像处理速度。于是，进一步降低硬件开发难度也将是未来的一个重要发展趋势。

二、实现智能化检测

制造业中智能化仪器一般利用许多传感器获得测量信息，从而得出所需的测量结果，对加工过程进行控制。仪器智能化是融合智能技术、传感技术、信息技术、仿生技术、材料科学等的一门综合交叉学科，使检测的概念过渡到在线、动态、主动的实时检测与控制。

三、实现高精度检测

随着现代科学技术的不断发展，众多高科技领域均已进入了纳米世界，如精密元器件、电子工业高密度半导体集成电路等。纳米技术的加工离不开纳米精度级的测量技术和设备，这就对视觉测量技术提出了更高的要求。从成像角度看，需要研制更精密的光学成像系统、光电转换装置及视频、图像采集卡。从图像处理与分析的角度看，传统的视觉测量技术的定位精度为整像素级，理论上其边缘定位最大误差为 0.5 像素。随着工业检测应用对精度要求的不断提高，像素级精度已经不能满足实际测量的要求。因此，如何采用更高精度的图像处理算法越来越受到人们的重视。

四、网络化

网络技术的出现，极大地改变着人们生活的各个方面。具体的测量技术领域有，远程数据采集与测量，远程设备故障诊断，电、水、燃气、热能自动抄表等，都是网络技术发展并全面发挥作用的必然结果。

五、实现柔性测量

目前，几乎所有视觉测量系统都只适用于解决特定的检测任务，建立一种较为通用的视觉测量系统，以适用于不同条件下的检测任务，进而实现对目标的“完全检测”。

六、实现更广的测量范围

从测量对象空间结构来讲，微结构尺寸测量、大型结构尺寸测量、复杂结构尺寸测量、自由曲面测量是制造领域中经常遇到的工程问题，通常需要专业测量仪器，测量过程复杂、成本高，而视觉测量技术将能够在这些领域中发挥更大的应用优势。

第二章　图像预处理技术

图像预处理是图像分析、识别和理解的基础，其效果直接影响后续步骤的精度。本章将分别介绍图像增强、图像复原和图像变换的相关方法和技术。

第一节　基本概念

一、邻域、邻接、区域和连通的概念

对于任意像素 (i, j)，(s, t) 是一对适当的整数，则把像素的集合 $\{(i+s, j+t)\}$ 称作像素 (i, j) 的邻域（neighborhood），也就是像素 (i, j) 附近的像素形成的区域。通常邻域是远比图像尺寸小的一个规则形状，例如正方形（2×2、3×3、4×4），或用来近似表示圆及椭圆等形状的多边形。最经常采用的是4邻域和8邻域，如图2-1（a）所示，与某个像素相邻的上、下、左、右四个像素（a_0，a_1，a_2 和 a_3）组成其4邻域。如图2-1（b）所示，某个像素的3x3邻域称为其8邻域，包括其自身和与其相邻的八个像素（a_0，a_1，a_2，a_3，a_4，a_5，a_6 和 a_7）。互为4邻域的两个像素叫4邻接，互为8邻域的两个像素叫8邻接，如图2-2所示。

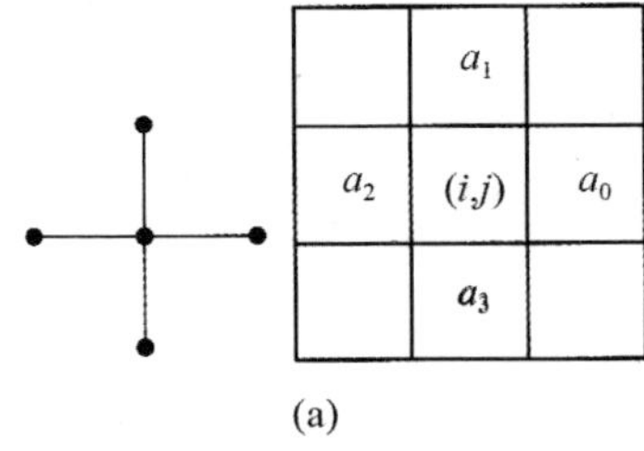

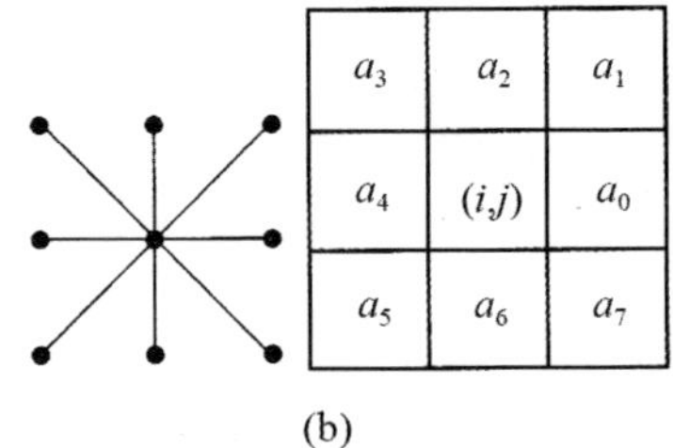

图2-1　邻域示意图

（a）4邻域；（b）8邻域

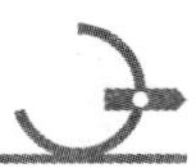

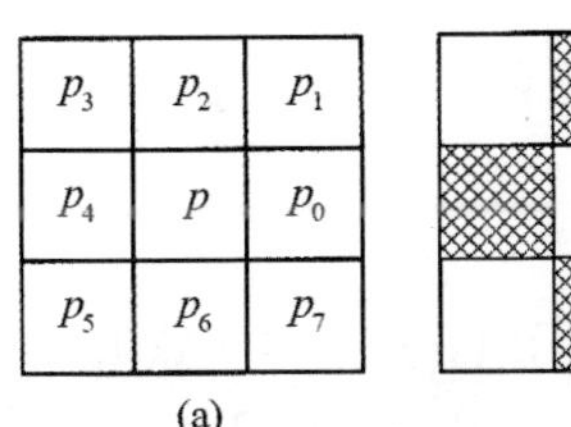

(a)

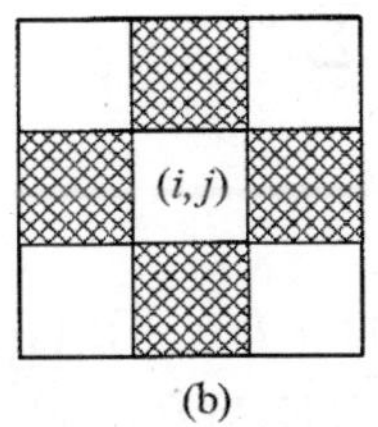

(b)

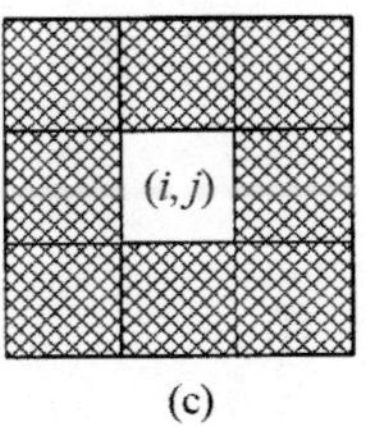

(c)

图 2-2　邻接像素

(a) 像素的编号；(b) 4 邻接；(c) 8 邻接

区域（region）是图像中相邻的、具有类似性质的点组成的集合。区域是像素的连通（connectedness）集，在连通集的任意两个像素之间，存在一条完全由这个集合中的元素构成的路径。同一区域中的任意两个像素之间至少存在一条连通路径。连通性有两种度量准则，如果只依据 4 邻域确定连通，就称为 4 连通，物体也被称为是 4 连通的。如果依据 8 邻域确定连通，就称为 8 连通。在同一类问题的处理中，应当采用一致的准则。通常采用 8 连通的结果误差较小，与人的视觉感觉更相近。

二、邻域（模板）运算

邻域运算（neighborhood operation）或模板（filter mask 或 template）运算是指输出图像中每个像素的灰度值是由对应的输入像素及其一个邻域内的像素灰度值共同决定的图像运算。信号与系统分析中的相关和卷积运算，在数字图像处理中都表现为邻域运算。邻域运算与点运算是最基本、最重要的图像处理工具。

设图像 $f(x, y)$ 的大小为 $N \times N$（宽度×高度）像素，模板 $T(i, j)$ 的大小为 $m \times m$ 像素（m 为奇数），使模板中心 $T[(m-1)/2, (m-1)/2]$ 与当前像素 (x, y) 对应，则相关运算定义为

$$g(x, y) = T \cdot f(x, y) = \sum_{i=0}^{m-1} \sum_{j=0}^{m-1} T(i, j) f\left(x + i - \frac{m-1}{2}, y - j + \frac{m-1}{2}\right) \tag{2-1}$$

式中：$g(x, y)$ 是经模板运算后得到的图像。例如当 $m = 3$ 时，

$$\begin{aligned} g(x, y) &= T(0, 0) f(x-1, y-1) + T(0, 1) f(x-1, y) + T(0, 2) f(x-1, y+1) \\ &+ T(1, 0) f(x, y-1) + T(1, 1) f(x, y) + T(1, 2) f(x, y+1) \\ &+ T(2, 0) f(x+1, y) + T(2, 1) f(x+1, y) = T(2, 2) f(x+1, y+1) \end{aligned} \tag{2-2}$$

卷积运算定义为

$$g(x, y) = T * f(x, y) = \sum_{i=0}^{m-1} \sum_{j=0}^{m-1} T(i, j) f\left(x - i + \frac{m-1}{2}, y - j + \frac{m-1}{2}\right) \tag{2-3}$$

当 $m=3$ 时,

$$\begin{aligned} g(x, y) = & T(0, 0) f(x+1, y+1) + T(0, 1) f(x+1, y) + T(0, 2) f(x+1, y-1) \\ & + T(1, 0) f(x, y+1) + T(1, 1) f(x, y) + T(1, 2) f(x, y-1) \\ & + T(2, 0) f(x-1, y+1) + T(2, 1) f(x-1, y) = T(2, 2) f(x-1, y-1) \end{aligned} \tag{2-4}$$

可见，相关运算是将模板作为权重矩阵对当前像素的灰度值进行加权平均，而卷积与相关不同的只是需要将模板沿次对角线翻转后再加权平均。如果模板是对称的，那么相关与卷积运算结果完全相同。实际上常用的模板如平滑模板、边缘检测模板等都是对称的，因而这种邻域运算实际上就是卷积运算，从信号与系统分析的角度来说就是滤波，平滑处理即为低通滤波，锐化处理即为高通滤波。

例如，3×3 的模板

$$\frac{1}{9}\begin{pmatrix} 1 & 1 & 1 \\ 1 & 1\cdot & 1 \\ 1 & 1 & 1 \end{pmatrix} \tag{2-5}$$

式中，中间的黑点表示中心元素，即用哪个元素作为处理后的元素。该模板表示将原图中的每一像素的灰度值和它周围 8 个像素的灰度值相加，然后除以 9，作为新图中对应像素的灰度值。模板

$$\begin{pmatrix} 2\cdot \\ 1 \end{pmatrix} \tag{2-6}$$

表示将当前像素灰度值的 2 倍加上其右边像素的灰度值作为新值，而模板

$$\begin{pmatrix} 2 \\ 1\cdot \end{pmatrix} \tag{2-7}$$

表示将当前像素的灰度值加上其左边像素灰度值的 2 倍作为新值。

对一幅图像进行模板操作的步骤如下：

1. 用模板遍历整幅图像，并将模板中心与当前像素重合。
2. 将模板系数与模板下对应像素相乘。
3. 将所有乘积相加。
4. 将上述求和结果赋予模板中心的对应像素。

通常，模板不允许移出图像边界，所以结果图像会比原图小。例如，模板是

$$\begin{pmatrix} 1\cdot & 0 \\ 0 & 1 \end{pmatrix} \tag{2-8}$$

原图是

$$\begin{pmatrix} 1 & 1 & 1 & 1 & 1 \\ 2 & 2 & 2 & 2 & 2 \\ 3 & 3 & 3 & 3 & 3 \\ 4 & 4 & 4 & 4 & 4 \end{pmatrix} \tag{2-9}$$

经过模板操作后的图像为

$$\begin{pmatrix} 3 & 3 & 3 & 3 & x \\ 5 & 5 & 5 & 5 & x \\ 7 & 7 & 7 & 7 & x \\ x & x & x & x & x \end{pmatrix} \tag{2-10}$$

式中：数字代表灰度，x 表示边界上无法进行模板操作的像素，通常的做法是直接复制原图的灰度，不进行任何处理。

可以看出，模板运算是一项非常耗时的运算。以模板

$$\frac{1}{16}\begin{pmatrix} 1 & 2 & 1 \\ 2 & 4\cdot & 2 \\ 1 & 2 & 1 \end{pmatrix} \tag{2-11}$$

为例，每个像素完成一次模板操作要用 9 次乘法、8 次加法和 1 次除法。对于一幅 $N\times N$ 像素的图像，就是 $9N^2$ 次乘法，$8N^2$ 次加法和 N^2 次除法，算法复杂度为 ON^2，对于较大尺寸的图像来说，运算量是非常可观的。所以，一般常用的模板并不大，如 3×3 或 4×4。另外，可以将二维模板运算转换成一维模板运算，可在很大程度上提高运算速率。例如，式（2-5）可以分解成一个水平模板和一个竖直模板，即

$$\frac{1}{16}\begin{pmatrix} 1 & 2 & 1 \\ 4 & 4\cdot & 2 \\ 1 & 2 & 1 \end{pmatrix} = \frac{1}{4}\begin{pmatrix} 1 & 2\cdot & 1 \end{pmatrix}\frac{1}{4}\begin{pmatrix} 1 \\ 2\cdot \\ 1 \end{pmatrix} = \frac{1}{16}\begin{pmatrix} 1 & 2\cdot & 1 \end{pmatrix}\begin{pmatrix} 1 \\ 2\cdot \\ 1 \end{pmatrix} \tag{2-12}$$

三、图像处理

（一）图像处理的基本知识

图像处理是指用计算机对图像进行处理。与人类对视觉机理着迷的历史相比，它是一门年轻的学科。目前，图像处理已经程度不同地被成功应用于几乎所有与成像有关的领域。

图像处理系统基本由 3 个部分组成：计算机、图像数字化仪和图像显示设备。通常在自然的形式下，图像并不能直接由计算机处理和分析。因为计算机只能处理数字文件，而不是图片，所以一幅图像在用计算机进行处理前必须首先转化为数字形式。

物理图像是物质或者能量的实际分布。例如，光学图像是光强度的空间分布，它们能被肉眼所看到，因此也是可见图像。不可见的物理图像包括温度、压力、人口密度和交通流量等的分布图。

物理图像也称为模拟图像，被划分为称作图像元素的小区域，图像元素通常简称为像素（pixel）。将模拟图像转化为数字图像的过程称为数字化。在每个像素位置上，图像的亮度被采样和量化，从而得到图像的对应点上表示其亮、暗程度的一个整数值。在对所有的像素都完成上述转化后，图像就被表示成一个整数矩阵。每个像素具有两个属性：位置和灰度。位置（或称为地址）由扫描线内采样点的两个坐标决定，它们又称为行和列。表示该像素位置上亮、暗程度的整数称为灰度。

图像数字化设备产生的数字图像先进入一个适当装置的缓存中，然后根据操作员的指令，计算机调用和执行程序库中的图像处理程序。在执行过程中，输入图像被逐行读入计算机。对图像进行处理后，计算机逐行按像素生成一幅输出图像，并将其逐行送入缓存。

（二）数字图像处理术语

在讨论数字图像处理之前，首先对“图像”一词进行定义和描述。一幅图像包含了有关其所表示物体的描述信息。图像可以根据其形式或产生方法来分类。为此，引入一个集合论的方法。在图像集合中，包含了所有可见的图像，即可由人眼看见的图像的子集。在该子集中又包含几个由不同方法产生的图像的子集，一个子集为图片，包括用线条画成的图，如简单线条的几何图、画（如山水画、人像等）；另一个子集为光图像，即用透镜、光栅和全息术产生的图像。

数字图像处理：将一幅图像变为另一幅经过修改的图像，因此数字图像处理是一个由图像到图像的过程。

数字图像分析：指将一幅图像转化为一种非图像的表示方法。

计算机图形学：一门涉及用计算机对图像进行处理和显示的学科。

计算机视觉：使得计算机能够观察和理解自然景物的系统。

在更广泛的意义上，使用数字图像涵盖任何用计算机来操作与图像有关数据的技术，包括计算机图形学、计算机视觉，以及数字图像处理和分析。

数字化：指将一幅图像从模拟图像转化为数字形式的处理过程。

扫描：指对一幅图像内的给定位置寻址。在扫描过程中被寻址的最小单元是图像元素，即像素，摄影图像的数字化就是对胶片上一个个小斑点的顺序扫描。

采样：指图像在空间上的离散化。

量化：指将测量的灰度值用一个整数表示。

采样和量化组成了数字化的过程，经过数字化，得到一幅图像的数字表示，即为数字图像。

（三）数字图像处理的主要内容

数字图像处理可以分为以下几个方面：图像信息获取、图像信息存储、图像信息处理、图像信息传送、图像信息的输出和显示、图像描述、图像的理解和识别。

1. 图像信息获取

数字图像处理的第一步是图像的采集和获取，把一幅图像转换成适合输入计算机的数字信号，这一过程包括摄取图像、A/D 转换及数字化等步骤。其主要设备包括 CCD 摄像设备、飞点扫描器、扫描鼓、扫描仪等。

2. 图像信息的存储

图像信息的特点是数字量巨大，存储采用的介质有磁带、磁盘或光盘。为解决海量存储问题，主要研究数据压缩、图像格式和图像数据库技术等。

3. 图像信息处理

数字图像处理多采用计算机处理，主要内容为几何处理、算术处理、图像变换、图像编码、图像增强和复原、图像分割。

（1）几何处理。

几何处理主要包括坐标变换，图像的放大、缩小、旋转、移动，多个图像配准，图像的校正，图像周长、面积、体积的计算等。

（2）算术处理。

算术处理主要对图像施以加、减、乘、除等运算。

（3）图像变换。

图像变换属于图像处理的方法之一，由于数字图像阵列通常很大，如果直接在空间域中进行处理，计算量必将非常大。因此，往往采用各种图像变换的方法，如傅里叶变换、沃尔什变换、离散余弦变换等间接处理技术，将空间域的处理转换为变换域处理，这样不仅可以减少计算量，而且可以获得更有效的处理。例如，通过傅里叶变换可以在频域中进行数字滤波处理。目前研究的小波变换在时域和频域中都具有良好的局部化特性，它在图像处理中也有着广泛而有效的应用。

(4) 图像编码压缩。

图像编码是利用图像信号的统计特性及人类视觉的生理学及心理学特性对图像信号进行编码。编码是压缩技术中最重要的方法，在图像处理技术中是发展较早且比较成熟的技术。研究图像编码压缩技术的目的有 3 个：

①减少数据存储量；

②降低码流以减少传输带宽；

③压缩信息量，便于识别和理解。

图像编码压缩技术可以减少描述图像的数据量，以便节省图像传输、处理的时间和减少所占用的存储容量。压缩可以在不失真的前提下获得，也可以在允许的失真条件下进行。

(5) 图像增强和复原。

图像增强和复原的目的是提高图像的质量，如去除噪声、提高图像的清晰度等。图像增强不考虑引起图像"降质"的原因，而是突出图像中所感兴趣的部分。例如，强化图像高频分量可以使图像中物体轮廓清晰、细节明显，强化低频分量可减少图像中噪声的影响。图像增强可以明显改善视觉效果。图像复原要求对图像"降质"的原因有一定的了解，通常根据图像降质的过程建立"降质模型"，再采用某种滤波方法，恢复或重建原来的图像。

(6) 图像分割。

图像分割是数字图像处理中的关键技术之一。图像分割是将图像中有意义的特征部分提取出来，这些有意义的特征包括图像的边缘、区域、纹理等，这是进一步进行图像识别、分析和理解的基础。虽然目前已研究出不少边缘提取、区域分割的方法，但是随着图像处理应用领域的不断扩展，对图像分割的研究还在不断深入，是目前数字图像处理研究的热点问题之一。

第二节　图 像 变 换

为了有效和快速地对图像进行处理和分析，常常需要将原定义在图像空间的图像以某种形式转换到其他空间，并且利用图像在这个空间的特有性质进行处理，然后通过逆变换操作转换到图像空间。

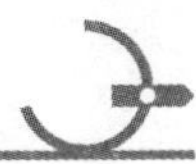

一、傅里叶变换

从 20 世纪 60 年代开始，利用计算机实现快速傅里叶变换得到广泛应用。傅里叶变换后的变换域称之为频域。在频域中，处理图像用到信号分析和频谱分析等概念，可以加深对图像的理解。傅里叶变换可用于图像处理和图像编码。

（一）连续傅里叶变换

1. 一维连续傅里叶变换

设 $f(x)$ 为变量 x 的连续可积函数，则定义 $f(x)$ 的傅里叶变换为

$$F(u)=\int_{-\infty}^{\infty} f(x)\,\mathrm{e}^{-\mathrm{j}2\pi ux}\mathrm{d}x \tag{2-13}$$

式中：j 为虚数单位；u 为频域变量；x 为空域变量。从 $F(u)$ 恢复 $f(x)$ 称为傅里叶逆变换，定义为

$$f(x)=\int_{-\infty}^{\infty} F(u)\,\mathrm{e}^{\mathrm{j}2\pi ux}\mathrm{d}u \tag{2-14}$$

实函数的傅里叶变换，其结果多为复函数，$R(u)$ 和 $I(u)$ 分别为 $F(u)$ 的实部和虚部，则

$$F(u)=R(u)+\mathrm{j}I(u) \tag{2-15}$$

$$\varphi(u)=\arctan\frac{I(u)}{R(u)} \tag{2-16}$$

$$|F(u)|=\sqrt{R^2(u)+I^2(u)} \tag{2-17}$$

式中：$F(u)$ 称为 $f(x)$ 的傅里叶谱，谱的平方称为 $f(x)$ 的能量谱。u 称为变换域变量，也叫频域变量，应用欧拉公式，指数项 $\mathrm{e}^{-\mathrm{j}2\pi ux}$ 可展开为

$$\mathrm{e}^{-\mathrm{j}2\pi ux}=\cos 2\pi ux-\mathrm{j}\sin 2\pi ux \tag{2-18}$$

从欧拉公式可以看出，指数函数可以表达为正弦函数和余弦函数的代数和，利用正弦函数和余弦函数的奇偶特性可以简化式（2-13）傅里叶变换的计算。可以证明，傅里叶变换是正交的，也是完备的。

2. 二维连续傅里叶变换

傅里叶变换可以推广到两个变量连续可积的函数 $f(x, y)$。若 $F(u, v)$ 是可积的，则存在如下傅里叶变换对，表示为

$$F(u, v)=\int_{-\infty}^{\infty}\int_{-\infty}^{\infty} f(x, y)\,\mathrm{e}^{-\mathrm{j}2\pi(ux+vy)}\mathrm{d}x\mathrm{d}y \tag{2-19}$$

$$f(x, y)=\int_{-\infty}^{\infty}\int_{-\infty}^{\infty} F(u, v)\,\mathrm{e}^{-\mathrm{j}2\pi(ux+vy)}\mathrm{d}u\mathrm{d}v \tag{2-20}$$

二维函数的傅里叶谱、相位和能量谱分别表示为

$$|F(u, v)| = \sqrt{R^2(u, v) + I^2(u, v)} \tag{2-21}$$

$$\varphi(u, v) = \arctan \frac{I(u, v)}{R(u, v)} \tag{2-22}$$

$$E(u, v) = R^2(u, v) + I^2(u, v) \tag{2-23}$$

（二）离散傅里叶变换

1. 一维离散傅里叶变换

对于一个连续函数$f(x)$ 等间隔采样可以得到一个离散序列。设采样点数为 N，则这个离散序列可表示为$\{f(0), f(1), f(2), \cdots, f(N-1)\}$。令 x 为离散实变量，u 为离散频率变量，则可以将离散傅里叶变换对定义为

$$F(u) = \sum_{x=0}^{N-1} f(x)\, e^{-j2\pi ux/N} \quad (u = 0, 1, \cdots, N-1) \tag{2-24}$$

$$f(x) = \frac{1}{N}\sum_{x=0}^{N-1} F(u)\, e^{j2\pi ux/N} \quad (u = 0, 1, \cdots, N-1) \tag{2-25}$$

离散傅里叶变换的矩阵形式为

$$\begin{bmatrix} F(0) \\ F(1) \\ \vdots \\ F(N-1) \end{bmatrix} = \begin{bmatrix} W^0 & W^0 & W^0 & \cdots & W^0 \\ W^0 & W^{1\times 1} & W^{2\times 1} & \cdots & W^{(N-1)\times 1} \\ \vdots & \vdots & \vdots & \vdots & \vdots \\ W^0 & W^{1\times(N-1)} & W^{2\times(N-1)} & \cdots & W^{(N-1)\times(N-1)} \end{bmatrix} \begin{bmatrix} f(0) \\ f(1) \\ \vdots \\ f(N-1) \end{bmatrix} \tag{2-26}$$

$$\begin{bmatrix} f(0) \\ f(1) \\ \vdots \\ f(N-1) \end{bmatrix} = \frac{1}{N} \begin{bmatrix} W^0 & W^0 & W^0 & \cdots & W^0 \\ W^0 & W^{-1\times 1} & W^{-2\times 1} & \cdots & W^{-1\times(N-1)} \\ \vdots & \vdots & \vdots & \vdots & \vdots \\ W^0 & W^{-(N-1)\times 1} & W^{-(N-1)\times 2} & \cdots & W^{-(N-1)\times(N-1)} \end{bmatrix} \begin{bmatrix} F(0) \\ F(1) \\ \vdots \\ F(N-1) \end{bmatrix} \tag{2-27}$$

式中：$W = e^{-j\frac{2\pi}{N}}$，称为变换核。

2. 二维离散傅里叶变换

二维离散傅里叶变换的正变换和逆变换分别表示为

$$F(u, v) = \sum_{x=0}^{M-1}\sum_{y=0}^{N-1} f(x, y)\, e^{-j2\pi\left(\frac{xu}{M}+\frac{yv}{N}\right)} \tag{2-28}$$

$$f(u, v) = \frac{1}{MN}\sum_{u=0}^{M-1}\sum_{v=0}^{N-1} F(x, y)\, e^{j2\pi\left(\frac{xu}{M}+\frac{yv}{N}\right)} \quad (x = 0, 1, \cdots, M-1;\ y = 0, 1, \cdots, N-1) \tag{2-29}$$

当 $M=N$ 时，正、逆变换对具有下列对称的形式

$$F(u,\ v)=\frac{1}{N}\sum_{x=0}^{N-1}\sum_{y=0}^{N-1}f(x,\ y)\,\mathrm{e}^{-j2\pi(ux+vy)/N} \tag{2-30}$$

$$f(u,\ v)=\frac{1}{N}\sum_{u=0}^{N-1}\sum_{v=0}^{N-1}F(x,\ y)\,\mathrm{e}^{j2\pi(ux+vy)/N} \tag{2-31}$$

仿照二维连续傅里叶变换，定义 $\{f(x,\ y)\}$ 的功率谱为 $F(u,\ v)$ 与 $F^*(u,\ v)$ 的乘积，即 $F(u,\ v)$ 的实部平方加虚部平方。功率谱是图像的重要特征，反映图像的灰度分布。例如，具有精细结构和细微结构的图像高频分量较丰富，低频分量反映图像的概貌。

在数字图像处理系统上实现离散傅里叶变换，利用以下性质可以简化运算。

（1）可分离性。

利用可分离性，傅里叶变换对可表示为

$$F(u,\ v)=\frac{1}{N}\sum_{x=0}^{N-1}\mathrm{e}^{-j2\pi\frac{ux}{N}}\sum_{y=0}^{N-1}f(x,\ y)\,\mathrm{e}^{-j2\pi\frac{vy}{N}}\quad(u,\ v=0,\ 1,\ \cdots,\ N-1) \tag{2-32}$$

$$f(x,\ y)=\frac{1}{N}\sum_{u=0}^{N-1}\mathrm{e}^{j2\pi\frac{ux}{N}}\sum_{v=0}^{N-1}F(x,\ y)\,\mathrm{e}^{j2\pi\frac{vy}{N}}\quad(x,\ y=0,\ 1,\ \cdots,\ N-1) \tag{2-33}$$

由式（2-33）可知，图像离散傅里叶变换的具体计算过程为：对图像 $\{f(x,\ y)\}$ 的每一行进行一维傅里叶变换后得到 N 个值，将其排在同一行位置，再对由逐行变换获得的矩阵的每一列进行一维傅里叶变换。离散傅里叶变换可以用快速傅里叶变换（FFT）实现。

图像数据在计算机中存放的格式为按行存放，一维傅里叶变换执行后，得到 N 个值按行放回。在执行第二个一维傅里叶变换时，需要按列进行，取数速度减慢。因此，在执行行变换后要进行图像数据矩阵的转置，大矩阵的快速转置算法是二维图像 FFT 的一个关键。目前，已经出现用芯片进行图像 FFT，使得运算具有更高速度，具有实时处理功能。

从分离形式可知，一个二维傅里叶变换可以由连续两次运用一维傅里叶变换来实现。例如，式（2-32）可以分成如下两式

$$F(x,\ v)=N\left[\frac{1}{N}\sum_{y=0}^{N-1}f(x,\ y)\,\mathrm{e}^{-j2\pi\frac{vy}{N}}\right]\qquad(v=0,\ 1\cdots,\ N-1) \tag{2-34}$$

$$F(u,\ v)=\frac{1}{N}\sum_{x=0}^{N-1}F(x,\ v)\,\mathrm{e}^{-j2\pi\frac{ux}{N}}\qquad(u,\ v=0,\ 1,\ \cdots,\ N-1) \tag{2-35}$$

对于每个 x 值，式（2-34）方括号中是一个一维傅里叶变换，所以 $F(x, v)$ 可以由按 $f(x, y)$ 的每一列求变换再乘以 N 得到。在此基础上，再对 $F(x, v)$ 每一行求傅里叶变换就可以得到 $F(u, v)$。上述过程可以描述为

$$f(x, y) \xrightarrow{\text{列变换} \times N} F(x, v) \xrightarrow{\text{行变换}} F(u, v)$$

注意到图像 $\{f(x, y)\}$ 是非负实数矩阵，即 $f(x, y) = f^*(x, y)$，因此对式（2-33）两边取共轭，可表示为

$$f^*(x, y) = \left\{\frac{1}{N}\sum_{u=0}^{N-1} e^{j2\pi\frac{ux}{N}} \sum_{v=0}^{N-1} F(u, v) e^{j2\pi\frac{vy}{N}}\right\}^* = \frac{1}{N}\sum_{u=0}^{N-1}\sum_{v=0}^{N-1}\{F(u, v) e^{j2\pi\frac{(ux+vy)}{N}}\}$$

因为 $f(x, y) = f^*(x, y)$，所以

$$f(x, y) = \frac{1}{N}\sum_{u=0}^{N-1}\sum_{v=0}^{N-1} F^*(u, v) e^{-j2\pi\frac{(ux+vy)}{N}} \tag{2-36}$$

比较式（2-34）与式（2-30）可知，其形式完全相同。因此，求逆变换可以调用正变换程序执行，只要以 $F^*(u, v)$ 代替 $f(x, y)$ 的位置即可。

（2）坐标中心点位置。

对图像矩阵 $\{f(x, y)\}$ 作 FFT，得到 $F(u, v)$ 通常希望将 $F(0, 0)$ 移到 $F\left(\frac{N}{2}, \frac{N}{2}\right)$，以得到傅里叶变换及其功率谱的完整显示。利用傅里叶变换的移频特性可以证明，对 $f(x, y)(-1)^{x+y}$ 进行傅里叶变换可以得到将中心移到 $\left(\frac{N}{2}, \frac{N}{2}\right)$ 的傅里叶变换结果，即

$$\begin{aligned} F\left(\frac{u+N}{2}, \frac{v+N}{2}\right) &= \frac{1}{N}\sum_{x=0}^{N-1}\sum_{y=0}^{N-1} f(x, y) \exp\left\{\frac{-j2\pi}{N}\left[\left(u+\frac{N}{2}\right)x + \left(v+\frac{N}{2}\right)y\right]\right\} \\ &= \frac{1}{N}\sum_{x=0}^{N-1}\sum_{y=0}^{N-1} f(x, y) \exp[-j\pi(x+y)] \exp\left[\frac{-j2\pi(ux+vy)}{N}\right] \\ &= \frac{1}{N}\sum_{x=0}^{N-1}\sum_{y=0}^{N-1} f(x, y)(-1)^{x+y} \exp\left[\frac{-j2\pi(ux+vy)}{N}\right] \\ &(u, v = 0, 1, 2, \cdots, N-1) \end{aligned} \tag{2-37}$$

式（2-37）表明，对 $f(x, y)(-1)^{x+y}$ 进行傅里叶变换后得到了将中心移到 $\left(\frac{N}{2}, \frac{N}{2}\right)$ 的傅里叶变换。

二、离散余弦变换

数字图像处理中的正交变换，除了傅里叶变换以外，还经常用到离散余弦变换（discrete cosine transform，DCT）。DCT 是与傅里叶变换相关的一种变换，

它类似于离散傅里叶变换（discrete fourier transform，DFT），但是只使用实数。离散余弦变换相当于一个长度大概是2倍的离散傅里叶变换，这个离散傅里叶变换是对一个实偶函数进行的，因为一个实偶函数的傅里叶变换仍然是一个实偶函数。

离散余弦变换经常在信号处理和图像处理中使用，用于对信号和图像（包括静止图像和运动图像）进行有损数据压缩。这是由于离散余弦变换具有很强的“能量集中”特性。大多数的自然信号，包括声音和图像的能量都集中在离散余弦变换后的低频部分，而且当信号具有接近马尔科夫过程（markov processes）的统计特性时，离散余弦变换的去相关性接近于K-L变换（Karhunen-Loeve变换，具有最优的去相关性）的性能。

例如，在静止图像编码标准JPEG、运动图像编码标准MPEG和H.26x的各个标准中都使用了二维离散余弦变换。在这些标准中，首先对输入图像进行离散余弦变换，然后将DCT变换系数进行量化之后进行熵编码。在对输入图像进行DCT前，需要将图像分成$N \times N$子块，通常$N=8$，对每个8×8块的每行进行DCT变换，然后每列进行变换，得到的是一个8×8的变换系数矩阵。其中，(0，0）位置的元素就是直流分量，矩阵中的其他元素根据其位置，表示不同频率的交流分量。

在以上特性的基础上，改进的离散余弦变换可以被用在高级音频编码（AAC for Advanced Audio Coding）、Vorbis和MP3音频压缩中。

此外，离散余弦变换也经常被用来使用谱方法解偏微分方程，这时离散余弦变换不同的变量对应着数组两端不同的奇/偶边界条件。下面重点讨论DCT的基本定义及其在数字图像处理中的应用。

（一）一维离散余弦变换

一维离散余弦变换定义为

$$F(0)=\frac{1}{\sqrt{N}}\sum_{x=0}^{N-1}f(x) \tag{2-38}$$

$$F(u)=\sqrt{\frac{2}{N}}\sum_{u=1}^{N-1}F(x)\cos\frac{2(x+1)u\pi}{2N} \tag{2-39}$$

$$f(x)=\sqrt{\frac{1}{N}}F(0)+\sqrt{\frac{2}{N}}\sum_{u=1}^{N-1}F(u)\cos\frac{(2x+1)ux}{2N} \tag{2-40}$$

式中：$F(u)$ 是第u个余弦变换系数，u是广义频率变量，$u=1, 2, \cdots, N-1$；$f(x)$ 是时域N点序列，$x=0, 1, 2, \cdots, N-1$。式（2-39）和式（2-40）构成了一维离散余弦变换对。

（二）二维离散余弦变换

二维离散余弦变换定义为

$$F(0,\ 0)=\frac{1}{N}\sum_{x=0}^{N-1}\sum_{y=0}^{N-1}f(x,\ y)$$

$$F(0,\ v)=\frac{\sqrt{2}}{N}\sum_{x=0}^{N-1}\sum_{y=0}^{N-1}f(x,\ y)\cos\frac{(2y+1)v\pi}{2N}$$

$$F(u,\ 0)=\frac{\sqrt{2}}{N}\sum_{x=0}^{N-1}\sum_{y=0}^{N-1}f(x,\ y)\cos\frac{(2y+1)u\pi}{2N}$$

$$F(u,\ v)=\frac{2}{N}\sum_{x=0}^{N-1}\sum_{y=0}^{N-1}f(x,\ y)\cos\frac{(2y+1)u\pi}{2N}\cos\frac{(2y+1)v\pi}{2N} \tag{2-41}$$

式（2-41）是正变换式，其中 $f(x,\ y)$ 是空间域的二维向量元素，$u,\ v=0,\ 1,\ 2,\ \cdots,\ N-1$，$F(u,\ v)$ 是变换系数阵列的元素。

（三）离散余弦变换的矩阵表示

二维离散余弦变换具有系数为实数，正变换与逆变换的核相同的特点。离散余弦变换是一种正交变换。为了分析计算方便，还可以用矩阵的形式来表示。

设 $\boldsymbol{f}$ 为一个 N 点的离散信号序列，即 $\boldsymbol{f}$ 可以用一个 $N\times 1$ 的列向量表示，$\boldsymbol{F}$ 为频域中一个 $N\times 1$ 的列向量。$N\times N$ 的矩阵 $\boldsymbol{C}$ 为离散余弦变换矩阵，一维离散余弦变换表示为

$$\boldsymbol{F}=\boldsymbol{C}\cdot\boldsymbol{f}$$

$$\boldsymbol{f}=\boldsymbol{C}^{\mathrm{T}}\cdot\boldsymbol{F}$$

二维离散余弦变换可表示为

正变换 $$\boldsymbol{F}=\boldsymbol{C}\cdot\boldsymbol{f}\cdot\boldsymbol{C}^{\mathrm{T}}$$

逆变换 $$\boldsymbol{f}=\boldsymbol{C}^{\mathrm{T}}\cdot\boldsymbol{F}\cdot\boldsymbol{C}$$

式中：$$\boldsymbol{C}=\sqrt{\frac{2}{N}}\begin{bmatrix} \sqrt{\frac{1}{2}} & \sqrt{\frac{1}{2}} & \cdots & \sqrt{\frac{1}{2}} \\ \cos\frac{1}{2N}\pi & \cos\frac{3}{2N}\pi & \cdots & \cos\frac{2N-1}{2N}\pi \\ \vdots & \vdots & \vdots & \vdots \\ \cos\frac{N-1}{2N}\pi & \cos\frac{3(N-1)}{2N}\pi & \vdots & \cos\frac{(2N-1)(N-1)}{2N}\pi \end{bmatrix}$$

$\boldsymbol{C}$ 是一个正交矩阵，即 $\boldsymbol{C}\cdot\boldsymbol{C}^{\mathrm{T}}=\boldsymbol{E}$，$\boldsymbol{E}$ 为单位矩阵。

第三节　图像增强

一、图像增强的概念

图像增强（image enhancement）是数字图像处理的基本内容之一，也是完整的图像处理系统中重要的预处理技术。它是指按照特定的需要突出图像中的某些信息，同时削弱或去除某些不需要的信息。其主要目标是：通过对图像的处理，使图像比处理前更适合一个特定的应用。这类处理并不能增加原始图像的信息，而只能增强对某种信息的辨识能力，是为了某种应用目的去改善图像质量，处理的结果更适合于人的视觉特性或机器识别系统。

图像增强可能的处理包括去除噪声、增强边缘、提高对比度、增加亮度、改善颜色效果和细微层次等。

图像增强的方法可分为空间域和变换域两种。在图像处理中，空间域是指由像素组成的空间。空间域的图像增强算法是直接在空间域中通过线性或非线性变换来对图像像素的灰度进行处理，从根本上说是以图像的灰度映射变换为基础的，所用的映射变换类型取决于增强的目的。变换域增强方法是首先将图像以某种形式转换到其他空间（如频域或者小波域）中，然后利用该空间的特有性质对变换系数进行处理，最后通过相关的变换再转换到原来的图像空间中，从而得到增强后的图像。空间域增强方法因其处理的直接性，相对于频域增强复杂的空间变换，运算量相对要少，因此广泛应用于实际中。

空间域增强的方法主要分为点处理和邻域（模板）处理两大类：点处理是作用于单个像素的空间域处理方法，包括图像灰度变换、直方图处理、伪彩色处理等技术；而邻域处理是作用于像素邻域的处理方法，包括空域平滑和空域锐化等技术。

二、基于点操作的图像增强

基于点操作的图像增强是指在空间域内直接对图像进行点运算，修正像素灰度。本节主要介绍图像灰度变换和直方图增强。

（一）灰度变换

由于图像的亮度范围不足或非线性会使图像的对比度不理想。灰度变换

(gray-scale transformation，GST) 是将原图中像素的灰度经过一个变换函数转化成一个新的灰度，以调整图像灰度的动态范围，从而增强图像的对比度，使图像更加清晰，特征更加明显。它不改变图像内的空间关系，除了灰度级的改变是根据某种特定的灰度变换函数进行之外，可以看作是“从像素到像素”的复制操作。灰度变换有时又被称为图像的对比度增强或对比度拉伸。

设原图像为 $f(x, y)$ ，处理后的图像为 $g(x, y)$ ，则灰度变换可表示为

$$g(x, y) = T[f(x, y)] \tag{2-42}$$

式中：$T(\cdot)$ 是对 f 的操作，定义在当前像素 (x, y) 的邻域，它描述了输入灰度值和输出灰度值之间的转换关系。T 也能对输入图像集进行操作，例如为了增强整幅图像的亮度而对图像进行逐个像素的操作。

T 操作最简单的形式是针对单个像素，也就是在当前像素的 1×1 邻域中，g 仅依赖于 f 在点 (x, y) 的值，T 操作即为灰度级变换函数

$$s = T(r) \tag{2-43}$$

式中：r 和 s 分别是 $f(x, y)$ 和 $g(x, y)$ 在点 (x, y) 的灰度级。也就是说，将输入图像 $f(x, y)$ 中的灰度 r ，通过映射函数映射成输出图像 $g(x, y)$ 中的灰度 s ，其运算结果与被处理像素位置及其邻域灰度无关。

根据变换函数的形式，灰度变换分为线性变换和非线性变换，非线性变换包括对数变换和指数（幂次）变换。

1. 线性变换

灰度线性变换表示对输入图像灰度作线性扩张或压缩，映射函数为一个直线方程。假定原图像 $f(x, y)$ 的灰度级范围为 $[a, b]$ ，希望变换后的图像 $g(x, y)$ 的灰度级范围线性地扩展至 $[c, d]$ 。对于图像中一点 (x, y) 的灰度值 $f(x, y)$ ，线性变换表示式为

$$g(x, y) = \frac{d - c}{b - a}[f(x, y) - a] + c \tag{2-44}$$

在曝光不足或过度曝光的情况下，图像的灰度级可能会局限在一个很小的范围内，这时图像可能会表现得模糊不清，或者没有灰度层次。采用线性变换对图像像素的灰度进行线性拉伸，就可以有效地改善图像的视觉效果。

2. 分段线性变换

分段线性变换即灰度切割，其目的是增强特定范围内的对比度，用来突出图像中特定灰度范围的亮度。它与线性变换相似，都是对输入图像的灰度对比度进行拉伸，只是对不同灰度范围进行不同的映射处理，从而突出感兴趣目标所在的灰度区间，抑制其他的灰度区间。

其基本原理是将原图像的灰度分布区间划分为若干个子区间，对每个子区

间采取不同的线性变换。选择不同的参数可以实现不同灰度区间的灰度扩张和压缩，所以分段线性变换的使用是非常灵活的。通过增加灰度区间分割的段数，以及调节各个区间的分割点和变换直线的斜率，就可以对任何一个灰度区间进行扩展和压缩。

3. 反转变换

灰度反转是指对图像灰度范围进行线性或非线性取反，简单来说就是使黑变白，使白变黑，将原始图像的灰度值进行翻转，使输出图像的灰度随输入图像的灰度增加而减少。假设对灰度级范围是 $[0, L-1]$ 的输入图像 $f(x, y)$ 求反，则输出图像像素的灰度值 $g(x, y)$ 与输入图像像素灰度值 $f(x, y)$ 之间的关系为

$$g(x, y) = L - 1 - f(x, y) \tag{2-45}$$

4. 对数变换（动态范围压缩）

在某些情况下，例如在显示图像的傅里叶谱时，其动态范围远远超过显示设备的上限，在这种情况下，所显示的图像相对于原图像就存在失真。要消除这种因动态范围太大而引起的失真，一种有效的方法是对原图像的动态范围进行压缩，最常用的方法是对数变换。

图像灰度的对数变换可在很大程度上压缩图像灰度值的动态范围，扩张数值较小的灰度范围，压缩数值较大的图像灰度范围，使一窄带低灰度输入图像值映射为一宽带输入值，较适用于过暗的图像，用来扩展被压缩的高值图像中的暗像素，从而使图像的灰度分布均匀，与人的视觉特性相匹配。

5. 指数（幂次）变换

指数变换函数为

$$g(x, y) = c\,[f(x, y)]^{\gamma} \tag{2-46}$$

式中：c 是可以调整的参数。幂次变换是通过指数函数中的 γ 值把输入的窄带值映射到宽带输出值。当 $\gamma < 1$ 时，把输入的窄带暗值映射到宽带输出亮值；当 $\gamma > 1$ 时，把输入高值映射为宽带输出值。

（二）直方图增强

1. 灰度直方图的原理

对应于每一个灰度值，统计出具有该灰度值的像素数，并据此绘出像素数—灰度值图形，则该图形称为该图像的灰度直方图，简称直方图。其横坐标是灰度值，纵坐标是具有某个灰度值的像素数，有时也用某一灰度值的像素数占全图总像素数的百分比（即某一灰度值出现的频数）作为纵坐标。图像的灰度直方图事实上就是图像亮度分布的概率密度函数，用来反映数字图像中的每

一个灰度级与其出现频率之间的关系，是一幅图像所有像素集合的最基本的统计规律。

灰度级范围为 [0, $L-1$] 的数字图像的直方图是离散函数

$$h(r_k)=n_k \tag{2-47}$$

式中：r_k 是第 k 级灰度；n_k 是图像中灰度级为 r_k 的像素个数。常以图像中像素的总数（用 n 表示）来除它的每一个值得到归一化的直方图。

$$P(r_k)=n_k/n \tag{2-48}$$

式中：$k=0$，1，…，$L-1$。$P(r_k)$ 是灰度值 r_k 生的概率值，即 r_k 出现的频数，因此归一化直方图的所有值之和应等于 1。

灰度直方图具有如下性质：

（1）直方图是一幅图像中各像素灰度出现频率数的统计结果，它只反映图像中不同灰度值出现的次数，不反映某一灰度所在的位置。也就是说，它只包含该图像的某一灰度像素出现的概率，而忽略其所在的位置信息。

（2）任意一幅图像都有唯一确定的直方图与之对应。但不同的图像可能有相同的直方图，即图像与直方图之间是多对一的映射关系。

（3）由于直方图是对具有相同灰度值的像素统计得到的，因此一幅图像各子区的直方图之和等于该图像全图的直方图。

直方图是多种空间域图像处理技术的基础，直方图操作能有效地用于图像增强。除了提供有用的图像统计资料外，直方图固有的信息在其他图像处理的应用中也是非常有用的，如图像压缩与分割。

2. 直方图均衡化

直方图均衡化是一种最常用的直方图修正方法。在图像处理前期经常要采用此方法来修正图像。它是指运用灰度点运算来实现原始图像直方图的变换，得到一幅灰度直方图为均匀分布的新图像，使得图像的灰度分布趋向均匀，图像所占有的像素灰度间距拉开，加大图像的反差，改善视觉效果，达到图像增强的目的。

3. 直方图规定化

直方图均衡化的优点是能自动增强整幅图像的对比度，得到全局均衡化的直方图。但是在某些应用中，并不一定需要增强后的图像具有均匀的直方图，而是需要具有特定形状的直方图，以便能够增强图像中的某些灰度级，突出感兴趣的灰度范围。直方图规定化（或规格化）方法就是针对这种需求提出来的，是一种使原始图像灰度直方图变成规定形状的直方图而对图像进行修正的增强方法。如使被处理图像与某一标准图像具有相同的直方图，或者使图像的直方图具有某一特定的函数形式等。

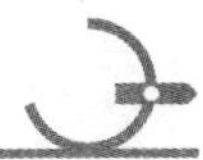

直方图规定化是在运用均衡化原理的基础上，通过建立原始图像和期望图像之间的关系，选择性地控制直方图，将原始图像的直方图转化为指定的直方图，从而弥补直方图均衡化不具备交互作用的缺点，可用来校正因拍摄亮度或者传感器的变化而导致的图像差异。

直方图均衡化采用的变换函数是累积分布函数，其实现方法简单，效率也较高，但只能产生近似均匀分布的直方图，其弊端也是显而易见的。直方图规定化方法可以得到具有特定需要的直方图的图像，克服了变换函数单一的缺点。

三、基于邻域操作的图像增强

（一）图像平滑

1. 图像平滑的原理

图像在获取和传输的过程中会受到各种噪声的干扰，使图像质量下降。图像平滑的目的是消除或尽量减少噪声的影响，改善图像质量。图像平滑实际上是低通滤波，允许信号的低频成分通过，阻截属于高频成分的噪声信号。显然，在减少随机噪声影响的同时，由于图像边缘部分也处在高频部分，因此平滑过程将会导致图像有一定程度的模糊。

空域平滑处理有很多算法，其中最常见的有线性平滑、非线性平滑和自适应平滑等。

（1）线性平滑：是对每一个像素的灰度值用其邻域值来代替，邻域的大小为 $m \times m$ ，m 一般取奇数。相当于图像经过了一个二维低通滤波器，虽然减少了噪声，但同时也模糊了图像的边缘和细节。

（2）非线性平滑：是对线性平滑的一种改进，即不对所有像素都用其邻域平均值来代替，而是取一个阈值，当像素灰度值与其邻域平均值之间的差值大于阈值时，才以均值代替；反之，取其本身的灰度值。非线性平滑可消除一些孤立的噪声点，对图像的细节影响不大，但物体的边缘会产生一定的失真。

（3）自适应平滑：是一种根据当前像素的具体情况以不模糊边缘轮廓为目标进行的平滑方法。根据适应目标的不同，可以有不同的自适应处理方法。

2. 邻域平均法

邻域平均法是一种局部的空域处理算法，在假定加性噪声是随机独立分布（均值为零）且与图像信号互不相关的条件下，利用邻域平均或加权平均可以有效地抑制噪声干扰。邻域平均法实际上就是进行空间域的滤波，所以这种方法也称为均值滤波。

3. 空间域低通滤波法

图像中目标的边缘以及噪声干扰都属于高频成分，因此可以用低通滤波的方法去除或减少噪声。而频率域滤波可以用空间域的卷积来实现，为此只要恰当地设计空间域低通滤波器的单位冲激响应矩阵，就可以达到滤波的效果。

中值滤波（median filter）就是一种典型的空间域低通滤波器，也是一种非线性平滑方法，它可在保护图像边缘的同时抑制随机噪声。其基本思想是：因为噪声（如椒盐噪声）的出现，使该像素比周围的像素亮（暗）许多，如果把某个以当前像素 (x, y) 为中心的模板内所有像素的灰度值按照由小到大的顺序排列，则最亮或者最暗的点一定被排在两侧，那么取模板中排在中间位置上的像素的灰度值作为处理后的图像中像素 (x, y) 的灰度值，就可以达到滤除噪声的目的。若模板中有偶数个像素，则取两个中间值的平均。

中值滤波的效果依赖于两个要素：邻域的空间范围和中值计算中涉及的像素数。当空间范围较大时，一般只取若干稀疏分布的像素作中值计算。

4. 边界保持类平滑滤波器

如前所述，经过平滑滤波处理之后，图像就会变得模糊。这是由于在图像上的景物之所，可以辨认清楚是因为目标物之间存在边界，而边界点与噪声点有一个共同的特点是，都具有灰度的跃变特性，也就是都属于高频分量，所以平滑滤波会同时将边界也过滤掉。为了解决这个问题，可在进行平滑处理时，首先判别当前像素是否为边界上的点，如果是，则不进行平滑处理；否则进行平滑处理。

（二）图像锐化

锐化和平滑相反，是通过增强高频分量来减少图像中的模糊，因此又称为高通滤波。图像平滑通过积分过程使得图像边缘模糊，而图像锐化则通过微分而使图像边缘突出、清晰。常用的锐化模板是拉普拉斯（Laplacian）模板：

$$\begin{pmatrix} -1 & -1 & -1 \\ -1 & 9\cdot & -1 \\ -1 & -1 & -1 \end{pmatrix} \tag{2-49}$$

它是先将当前像素的灰度值与其周围 8 个像素的灰度值相减，表示自身与周围像素的差别，再将这个差别加上自身作为新像素的灰度值。可见，如果一片暗区出现了一个亮点，那么锐化处理的结果是这个亮点变得更亮，因而锐化处理在增强图像边缘的同时也增强了图像的噪声。

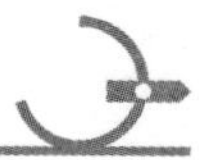

第四节　图像复原

数字图像复原技术（image restoration），以下简称复原技术，是图像处理中的一种重要技术，对于改善图像质量具有重要的意义。解决该问题的关键是对图像的退化过程建立相应的数学模型，然后通过求解该逆问题获得图像的复原模型并对原始图像进行合理估计。

一、图像的退化和复原概述

在图像的获取、传输以及保存过程中，由于各种因素，如大气的湍流效应、摄像设备中光学系统的衍射、传感器特性的非线性、光学系统的像差、光学成像衍射、成像系统的非线性畸变、成像设备与物体之间的相对运动、不当的焦距、环境随机噪声、感光胶卷的非线性及胶片颗粒噪声、电视摄像扫描的非线性所引起的几何失真以及照片的扫描等，都难免会造成图像的畸变和失真。通常将由于这些因素引起的质量下降称为图像退化。一些退化因素只影响一幅图像中某些点的灰度，称为点退化；另外一些退化因素则可以使一幅图像中的一个空间区域变得模糊，称为空间退化。

图像退化的典型表现是图像出现模糊、失真以及出现附加噪声等。由于图像的退化，在图像接收端显示的图像已不再是传输的原始图像，图像的视觉效果明显变差。为此，必须对退化的图像进行处理，才能恢复出真实的原始图像，这一过程就称为图像复原。图像复原是利用图像退化现象的某种先验知识，建立退化现象的数学模型，再根据模型进行反向的推演运算，以恢复原来的景物图像。因而图像复原可以理解为图像降质过程的反向过程。

图像复原与图像增强等其他基本图像处理技术类似，也是以获取视觉质量某种程度的改善为目的。所不同的是图像复原过程是试图利用退化过程的先验知识使已退化的图像恢复本来面目，实际上是一个估计过程。即根据退化的原因，分析引起退化的因素，建立相应的数学模型，并沿着使图像降质的逆过程恢复图像。从图像质量评价的角度来看，图像复原就是提高图像的可理解性。简言之，图像复原的处理过程就是对退化图像品质的提升，从而达到在视觉效果上的改善。所以，图像复原本身往往需要有一个质量标准，即衡量接近全真景物图像的程度，或者说对原图像的估计是否达到最佳的程度。而图像增强基本上是一个探索的过程，它利用人的心理状态和视觉系统去控制图像质量，直到人们的视觉系统满意为止。

由于引起图像退化的因素很多，且性质各不相同，因此目前没有统一的复原方法。早期的图像复原是利用光学的方法对失真的观测图像进行校正，而数字图像复原技术最早则是从对天文观测图像的后期处理中逐步发展起来的。其中一个成功例子是美国 NASA 的喷气推进实验室在 1964 年用计算机处理有关月球的照片，照片是在空间飞行器上用电视摄像机拍摄的，图像的复原包括消除干扰和噪声、校正几何失真和对比度损失以及反卷积等。另一个典型例子是对美国肯尼迪总统遇刺事件现场照片的处理。由于事发突然，照片是在相机移动过程中拍摄的，图像复原的主要目的就是消除移动造成的失真。

早期的复原方法有非邻域滤波法、最近邻域滤波法、维纳滤波和最小二乘滤波等。随着数字信号处理和图像处理的发展，新的复原算法不断出现，在应用中可以根据具体情况加以选择。

二、图像退化的数学模型

图像复原要求对图像降质的原因有一定的了解，一般应根据降质过程建立降质模型，再采用某种滤波方法，恢复或重建原来的图像。决定图像复原方法有效性的关键之一是描述图像退化过程模型的精确性。要建立图像的退化模型，首先必须了解和分析图像退化的机理并用数学模型表现出来。在实际的图像处理过程中，图像均用数字离散函数表示，所以必须将退化模型离散化。

输入图像 $f(x, y)$ 经过某个退化系统后输出的是一幅退化的图像。为了讨论方便，一般把噪声引起的退化即噪声对图像的影响，作为加性噪声考虑，这也与许多实际应用情况一致，如图像数字化时的量化噪声、随机噪声等就可以作为加性噪声，即使不是加性噪声而是乘性噪声，也可以用对数方式将其转化为相加形式。如图 2-3 所示，原始图像 $f(x, y)$ 经过一个退化算子或退化系统 $h(x, y)$ 的作用，再和噪声 $n(x, y)$ 进行叠加，形成退化后的图像 $g(x, y)$ ：

$$g(x, y) = h[f(x, y)] + n(x, y) \tag{2-50}$$

式中：$h(\cdot)$ 概括了退化系统的物理过程，就是要寻找的退化数学模型；$n(x, y)$ 是一种具有统计性质的信息，在实际应用中往往假设噪声是白噪声，即它的平均功率谱密度为常数，并且与图像不相关。数字图像的图像恢复问题可看作是根据退化图像 $g(x, y)$ 和退化算子 $h(x, y)$ 的形式，沿着反向过程去求解原始图像 $f(x, y)$ ，或者说是逆向地寻找原始图像的最佳近似估计。

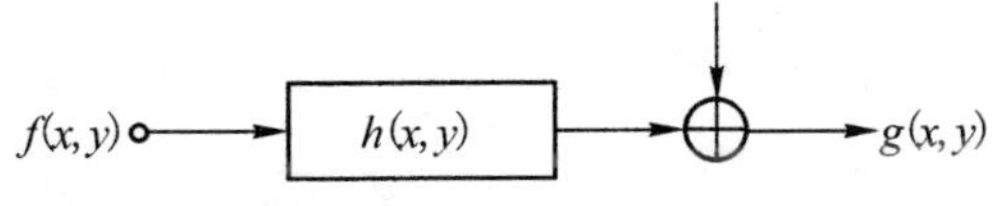

图 2-3　图像的退化模型

在图像复原处理中，尽管非线性、时变和空间变化的系统模型更具有普遍性和准确性，更与复杂的退化环境相接近，但它给实际处理工作带来了很大的困难。因此，往往用线性系统和空间不变系统模型来加以近似，这使得线性系统中的许多理论可直接用于解决图像复原问题，同时又不失可用性。

假设退化系统是线性和空间不变的，则连续函数的空域退化模型可表示为

$$\begin{aligned} g(x, y) &= f(x, y) * h(x, y) + n(x, y) \\ &= \int_{-\infty}^{+\infty}\int_{-\infty}^{+\infty} f(\alpha, \beta)\, h(x-\alpha, y-\beta)\, \mathrm{d}\alpha \mathrm{d}\beta + n(x, y) \end{aligned} \tag{2-51}$$

即图像退化的过程可以表示为清晰图像和点扩散函数（point spread function，PSF）的卷积加上噪声。式（2-51）的频域形式为

$$G(u, v) = F(u, v)\, H(u, v) + N(u, v) \tag{2-52}$$

式中：$G(u, v)$、$f(u, v)$ 和 $N(u, v)$ 分别是退化图像 $g(u, v)$、原图像 $f(u, v)$ 和噪声信号 $n(u, v)$ 的傅里叶变换；$h(u, v)$ 和 $H(u, v)$ 分别是退化系统的单位冲激响应和频率响应。

数字图像的恢复问题就是根据退化图像 $g(x, y)$ 和退化算子 $h(x, y)$，反向求解原始图像 $f(x, y)$，或已知 $G(u, v)$ 和 $H(u, v)$ 反求 $F(u, v)$ 的问题。

如果式（2-37）中的 g、f、h 和 n 按相同间隔采样，产生相应的阵列 $[g(i, j)]_{AB}$、$[f(i, j)]_{AB}$、$[h(i, j)]_{CD}$ 和 $[n(i, j)]_{AB}$，然后将这些阵列补零增广得到大小为 $M \times N$ 的周期阵列，为了避免混叠误差，这里 $M \geqslant A + C - 1$，$N \geqslant B + D - 1$。当 $k = 0, 1, \cdots, M-1$ 且 $l = 0, 1, \cdots, N-1$ 时，即可得到二维离散退化模型

$$g_e(k, l) = \sum_{i=0}^{M-1}\sum_{j=0}^{N-1} f_e(i, j)\, h_e(k-i, l-j) + n_e(k, l) \tag{2-53}$$

式（2-53）的矩阵表示可写为

$$g = Hf + n \tag{2-54}$$

式中：g、f 和 n 为行堆叠形成的 $MN \times 1$ 列向量，分别是退化图像、原始图像和加型噪声向量；H 为 $MN \times MN$ 的块循环矩阵，是线性空间不变系统的点扩展函数的离散形式。

第三章　图像的形态学处理

数学形态学是用集合论方法定量描述目标几何结构的学科，它在集合代数的基础上通过物体和结构元素相互作用的某些运算来得到物体更本质的形态，其基本思想和方法对图像处理的理论和技术产生了重大的影响，已成为数字图像处理的一个主要研究领域，在文字识别、显微图像分析、医学图像、工业检测、机器人视觉都有很成功的应用。

本章主要从数学形态学概述、二值图像形态学分析和灰度形态学三个方面来介绍图像的形态学处理。

第一节　数学形态学概述

一、数学形态学

数学形态学最初起源于岩相学对岩石结构的定量描述，主要是通过对目标影像的形态变换来实现结构分析和特征提取，其历史可追溯到 19 世纪。而真正将数学形态学应用于图像处理与分析领域，当归功于法国的马瑟荣（G. Matheron）和塞拉（J. Serra）。1964 年法国巴黎矿业学院的博士生塞拉在导师马瑟荣的指导下从事有关铁矿岩的定量岩石学分析的博士论文研究工作，在研究工作中，塞拉摈弃了传统的分析方法，建立了一个数字图像分析设备，并将它称为“纹理分析器”。随着实验研究与分析工作的不断深入，塞拉逐渐形成了击中击不中的概念。与此同时，马瑟荣在一个更为理论层面上第一次引入了形态学的表达式，建立了颗粒分析方法。他们的工作奠定了这门学科的基础。

数学形态学首先用于处理二值图像，它将二值图像看成集合，并用结构元素来探测。基本的数学形态学运算是将结构元素在图像的范围内平移，同时施

加交、并等基本的集合运算，以达到对二值图像的处理。它广泛应用于二值的图像处理中且效果显著。灰度数学形态学是二值数学形态学对灰度图像的自然扩展，其中，二值形态学中所用到的交、并运算分别用最大、最小极值运算代替。数学形态学在灰度图像中已形成了较完备的理论体系和较为成熟的各种算法，但从灰度图像向彩色图像的推广，即形态学在彩色图像中的应用研究仍处于经验阶段，这其中的主要问题在于彩色图像序结构的建立。二值图像的“包含”关系和灰度图像的“强度”关系，确立了其像素间的序结构。但彩色图像像素的颜色是一个多维向量，不存在明显的序结构。由此，在彩色图像中采用不同的序结构就产生不同的彩色形态学方法。现有对于彩色图像进行处理的方法可归纳为两大类：分量法和向量排序法。这些方法已经应用到彩色图像的处理中。

人们还研究了各种不同的其他方法与数学形态学结合，以产生不同的形态学方法。Sinha，Duherty 将模糊数学引入数学形态学领域，形成模糊数学形态学。此外，koskinen 等还提出了另一种数学形态学方法——软数学形态学，软数学形态学具有硬数学形态学相似的代数特性，但具有更强的抗噪声干扰的能力，对加性噪声及微小形状变化不敏感。还有人将模糊集合理论应用于软数学形态学，提出了模糊软数学形态学。近来提出的形态小波是一种非线性的多分辨率分析方法，兼顾了数学形态学与小波变换的优点，具有更好的多分辨率分析特性和更好的抗噪声性能。

经过几十年的发展，数学形态学已形成一种新的图像处理分析方法和理论，它可以用来解决图像滤波、边缘检测、图像分割、形状识别、纹理分析、图像压缩、图像恢复与重建等图像处理问题。但在实际应用中仍存在很多不尽完善的地方，如数学形态学如何在彩色图像处理中更好地应用、形态学快速算法的实现问题、形态运算的通用性与适应性问题等还有待进一步研究。

二、数学形态学的基本思想

从某种特定意义上讲，形态学图像处理是以几何学为基础的，它着重研究图像的几何结构，这种结构表示的可以是分析对象的宏观性质，也可以是微观性质。例如，在分析一个印刷字符的形状时，研究的就是其宏观结构形态；而在分析由小的基元产生的纹理时，研究的便是微观结构形态。形态学研究图像几何结构的基本思想是利用一个结构元素去探测一个图像，看是否能够将这个结构元素很好地填放在图像的内部，同时验证填放结构元素的方法是否有效。

第二节　二值图像形态学分析

一、基本概念

数学形态学首先用于处理二值图像，它将二值图像看成集合，并用结构元素来探测。二值图像的形态学算法以腐蚀和膨胀这两种基本运算为基础，引出了其他几种常用的数学形态学运算，最常见的有开运算、闭运算、击中击不中变换等。

（一）集合论的概念

（1）属于关系：对于一个集合 A（图像中一般指物体区域）和一个元素 b，如果 b 是集合 A 内的元素，则 b 属于集合 A，记为 $b \in A$；如果 b 不在集合 A 内，则 b 不属于 A，记为 $b \notin A$。

（2）包含关系：对于集合 A 和集合 B，如果 B 中任意一个元素都属于 A，则 B 包含于 A，记为 $B \subset A$；如果 B 中至少存在一个元素不在 A 内，则 B 不包含于 A，记为 $B \not\subset A$。

（3）交集和并集：集合 A 和集合 B 中的公共元素组成的集合称为两个集合的交集，记为 $A \cap B$，即 $A \cap B = \{a \mid a \in A 且 a \in B\}$；集合 A 和集合 B 中的所有元素组成的集合称为两个集合的并集，记为 $A \cup B$，即 $A \cup B = \{a \mid a \in A 或 a \in B\}$。

（4）补集：一个集合 A，所有集合 A 以外的元素构成的集合称为 A 的补集，记作 A^C。

（二）平移

将一个集合 A 平移距离 b 可以表示为 $A + b$，其定义为式（3-1）。

$$A + b = \{a + b \mid a \in A\} \tag{3-1}$$

图 3-1 说明了集合平移的过程，从几何上看，$A + b$ 表示 A 沿矢量 $\boldsymbol{b}$ 平移了一段距离。探测的目的就是要标记出图像内部那些可以将结构元素填入的（平移）位置。

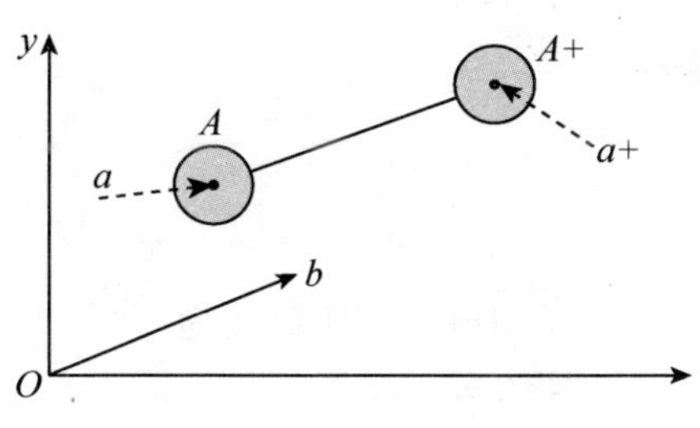

图 3-1 二值图像的平移

（三）对称集

如图 3-2 所示，设有一幅图像 A ，将 A 中所有元素相对原点转 180°，即令（x_0， y_0）变成（x_0， $- y_0$），所得到的新集合称为 A 的对称集，记为 $-A$ 。

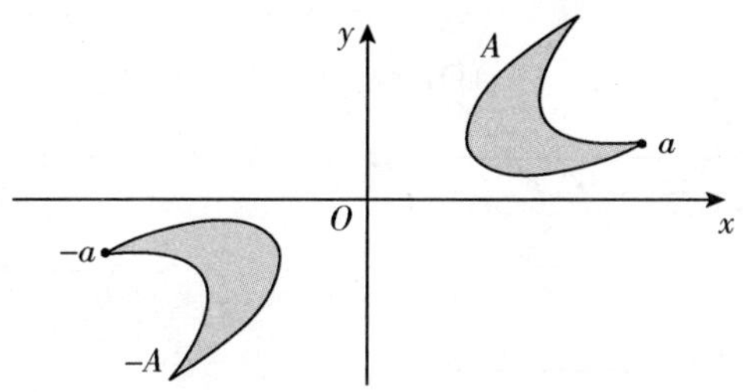

图 3-2 相对原点转 180°

（四）物体与结构元素的集合关系

如图 3-3 所示，设 A 和 B 为 R^2 空间的子集，A 为物体区域，B 为某种结构元素，则 B 结构元素对 A 的关系有三类：

(1) B 包含于 A ，记作 $B \subset A$

(2) B 击中 A ，记作 $B \cap A \neq \Phi$

(3) B 击不中 A ，记作 $B \cap A = \Phi$

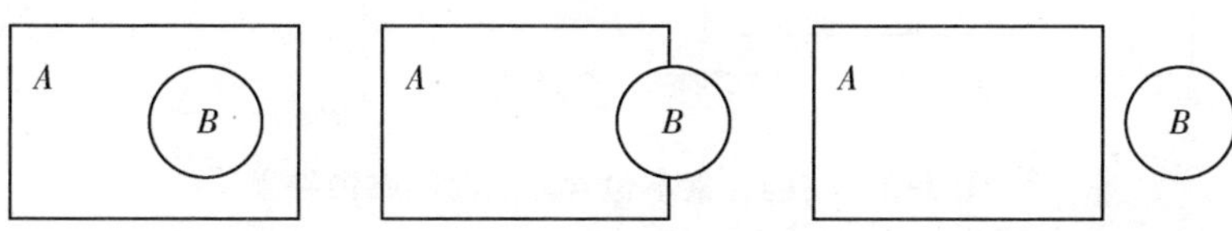

图 3-3 包含、击中和击不中示意图

二、二值腐蚀和膨胀

(一) 腐蚀

集合 A 被 B 腐蚀，表示为 $A\Theta B$，其定义为

$$A\Theta B = \{c \mid B + c \subset A\} \tag{3-2}$$

其中，A 称为输入图像，B 称为结构元素。

$A\Theta B$ 由将 B 平移 c 仍包含在 A 内的所有点 c 组成。如果将 B 看作模板，那么，$A\Theta B$ 则由模板平移的过程中所有可以填入 A 内部的模板的原点组成，如图 3-4 所示，腐蚀具有收缩输入图像的作用。一般可以得到下列性质：如果原点在结构元素的内部，则腐蚀后的图像为输入图像的子集；如果原点在结构元素的外部，那么腐蚀后的图像则可能不在输入图像的内部，如图 3-5 所示。

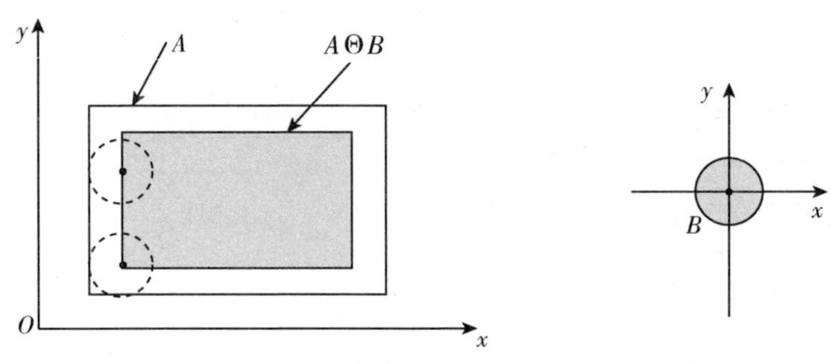

图 3-4　腐蚀类似于收缩

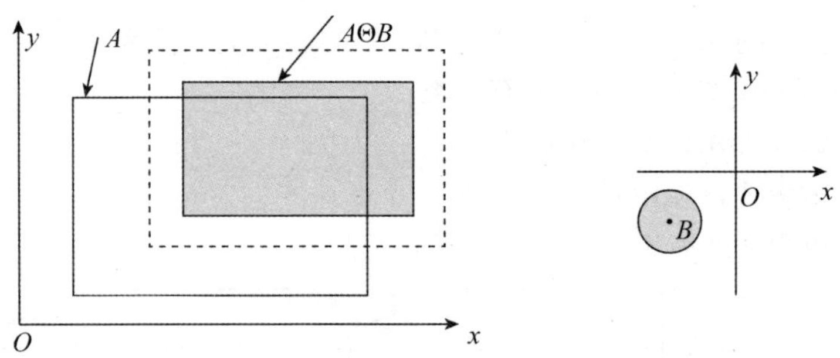

图 3-5　结构元素不包含原点时的腐蚀结果

从图中可以看出，腐蚀是表示用某种“探针”（即结构元素）对一个图像进行探测，以便找出图像内部可以放下该基元的区域。它是一种消除边界点、使边界向内部收缩的过程，可以用来消除小且无意义的物体。例如，用 0 代表

背景，1 代表目标，设数字图像 **S** 和结构元素 *E* 为

$$\boldsymbol{S}=\begin{bmatrix}0&1&0&1&0\\0&1&1&0&1\\0_{\Delta}&1&1&1&0\end{bmatrix}\qquad\qquad \boldsymbol{E}=\begin{bmatrix}1&0\\1&1_{\Delta}\end{bmatrix}$$

其中，三角“Δ”代表坐标原点，则用 **E** 对 **S** 腐蚀的结果为

$$\boldsymbol{S}\Theta\boldsymbol{E}=\begin{bmatrix}0&0&0&0&0\\0&0&1&0&0\\0_{\Delta}&0&1&1&0\end{bmatrix}$$

（二）膨胀

我们以 A^{C} 表示集合 A 的补集，$-B$ 表示 B 关于坐标原点的对称集。那么，集合 A 被 B 膨胀，表示为 $A\oplus B$，其定义为

$$A\oplus B=[A^{C}\Theta(-B)]^{C} \tag{3-3}$$

为了利用结构元素 B 膨胀集合 A，可将 B 相对原点旋转 180°，得到 $-B$，再利用 $-B$ 对 A^{C} 进行腐蚀，腐蚀结果的补集就是所求的结果，如图 3-6 所示。

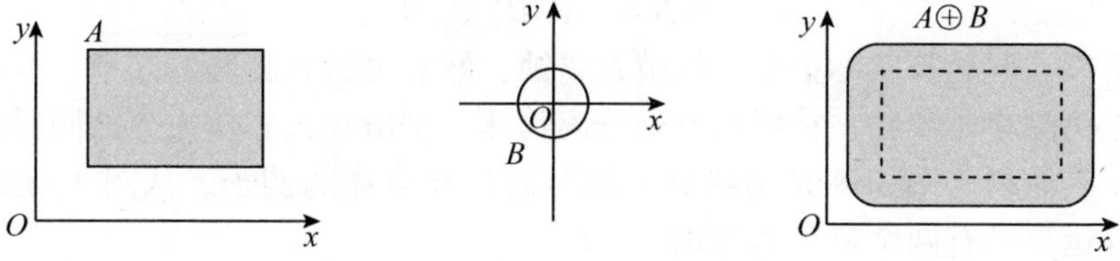

图 3-6　利用圆盘膨胀

从图中可以看出，与腐蚀相反，膨胀将与物体接触的所有背景点合并到该物体中，使边界向外部扩张，如果两个物体之间的距离比较近，则膨胀运算可能会把两个物体连通到一起，膨胀对填补图像分割后物体中的孔洞很有用。

膨胀还可以通过相对结构元素的所有点平移输入图像，然后计算并集得到，可用式（3-4）描述：

$$A\oplus B=\cup\{A+b\mid b\in B\} \tag{3-4}$$

式（3-4）也称为明夫斯基和形式。图 3-7 是用膨胀的示意图，其中图 3-7（a）为输入图像，图 3-7（b）为结构元素，将输入图像相对于结构元素内的三个点进行平移并将三个平移图像叠加，最后的输出图像如图 3-7（c）所示，图 3-7（c）中三种不同外框标出的点对应输入图像的三次平移。

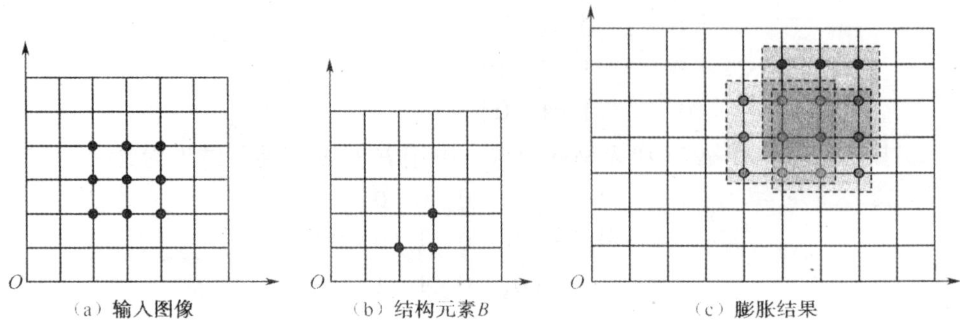

图 3-7　用式（3-4）进行膨胀运算的示意图

（三）二值开运算和闭运算

1. 二值开运算

假定 A 仍为输入图像，B 为结构元素，利用 B 对 A 进行开运算，用符号 $A \circ B$ 表示，其定义为

$$A \circ B = (A \Theta B) \oplus B \tag{3-5}$$

所以，开运算实际上是 A 先被 B 腐蚀，然后再被 B 膨胀的结果。开运算通常用来消除小对象物、在纤细点处分离物体、平滑较大物体边界的同时并不明显改变其体积。图 3-8 是用圆盘对矩形进行开运算的例子。从图 3-8 我们看到，开运算具有两个显著的作用：

（1）利用圆盘可以磨光矩形内边缘，即可以使图像的尖角转化为背景；

（2）用 $A - A \circ B$ 可以得到图像的尖角，因此圆盘的圆化作用可以起到低通滤波的作用。

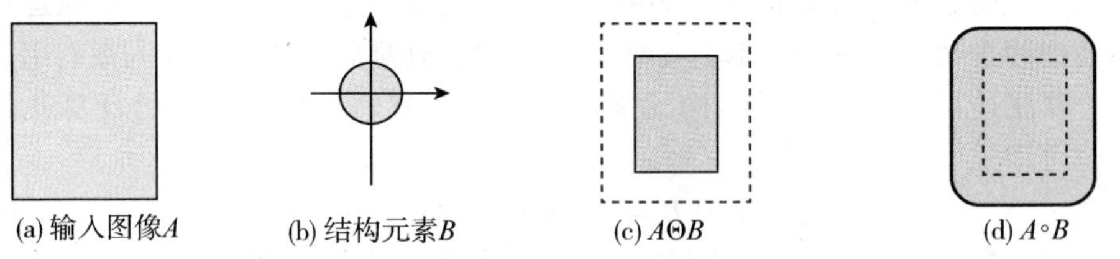

图 3-8　用圆盘对输入图像开运算的结果

2. 二值闭运算

闭运算是开运算的对偶运算，定义为先膨胀然后再腐蚀。利用 B 对 A 进行闭运算表示为 $A \cdot B$，其定义为

$$A \cdot B = [A \oplus (-B)]\Theta(-B) \tag{3-6}$$

即用 $-B$ 对 A 进行膨胀，将其结果再用 $-B$ 进行腐蚀。闭运算通常用来填充目标内细小孔洞、连接断开的邻近目标、平滑其边界的同时并不明显改变其面积。图 3-9 表示了闭运算的过程及结果。显然，用闭运算对图形的外部做滤波，仅仅磨光了凸向图像内部的边角。

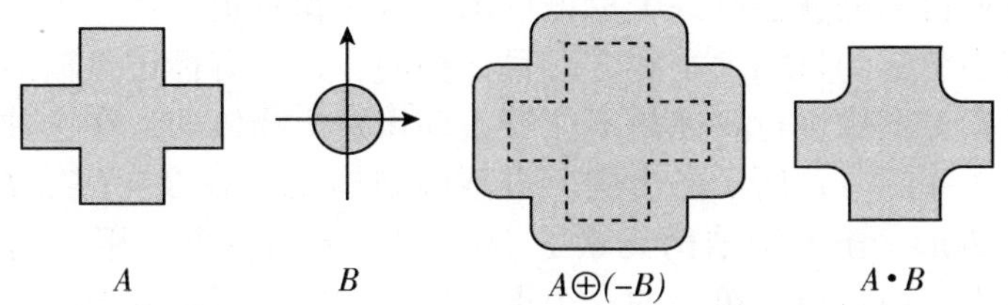

图 3-9　利用圆盘对输入图像进行闭运算

（四）击中、击不中变换及其应用

在图像分析中，同时探测图像的内部和外部，但不仅仅局限于探测图像的内部或图像的外部，研究图像中物体与背景之间的关系往往会得到很好的结果。击中、击不中变换（hit miss transform，HMT）即可达到此目的。

击中、击不中变换在一次运算中可以同时捕获到内外标记。击中、击不中变换需要两个结构基元 E 和 F，这两个基元被作为一个结构元素对 $B=(E, F)$，一个探测图像内部，另一个探测图像的外部，其定义为

$$A * B = (A\Theta E) \cap (A^{C}\Theta F) \tag{3-7}$$

当且仅当 E 平移到某一点时可填入 A 的内部，F 平移到该点时可填入 A 的外部时，该点才在击中、击不中变换的输出中。显然，E 和 F 应当是不相连接的，即 $E \cap F = \Phi$，否则便不可能存在两个结构元素同时填入的情况（图 3-10）。

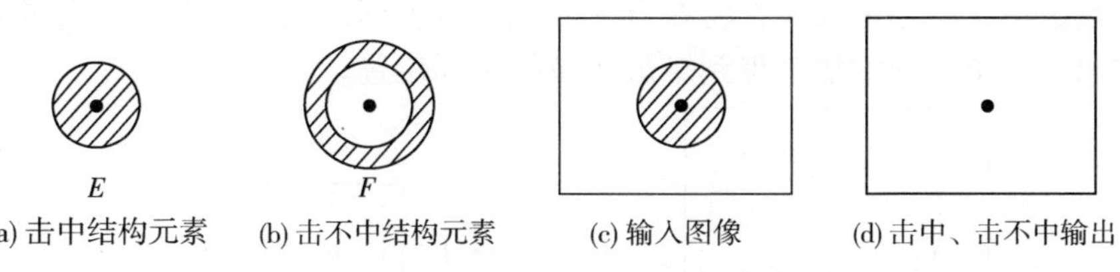

图 3-10　击中、击不中变换示意图

许多数学形态学算法都依赖于击中、击不中变换。其中，图像物体识别和细化是两个常见的使用击中、击不中变换的形态学算法。

1. 物体识别

利用击中、击不中变换进行物体识别的原理很简单，如图 3-11 所示。图 3-11（b）中有三个物体，矩形、方形和右侧带小突起的方形，现在要识别图像中的方形，并标记出方形物体的位置。我们可以建立一个与待识别的目标形状相同、大小一致的结构元素［图 3-11（a）中的 E］对图像进行腐蚀运算，则图像中方形目标处就会有一个标记输出，这种识别也就是一个匹配过程。但是，由于带小突起的目标大小和方形目标相同，也会有标记点输出，因此只用一个结构元素对图像进行腐蚀是不能够正确识别出物体的。在这种情况下，可以建立如图 3-11（a）所示的击中、击不中结构元素对 $B=(E, F)$，击中结构元素 E 是方形，击不中结构元素 F 是包围方形的方框，用它们对图像进行击中、击不中变换将得到单一的一个点，这个点即是所求方形的中心点，如图 3-11（c）所示。

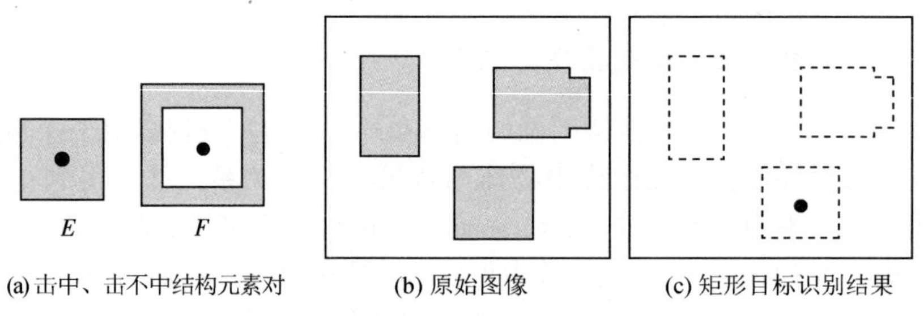

(a) 击中、击不中结构元素对　(b) 原始图像　(c) 矩形目标识别结果

图 3-11　利用击中、击不中变换识别物体的过程 1

在实际应用中，由于光照的变化或者噪声的存在，获取到的二值图像目标有可能存在变形，如果仍然用图 3-11 所示的结构元素对，击中结构元素将不能正确填进方形的内部，击不中结构元素也不能探测到方形的外部，因此得不到正确的输出结果。我们可以将方形腐蚀一圈来做击中结构元素，将方形膨胀一圈后的外接方形框做击不中结构元素，如图 3-12（b）所示，用它们对图像进行击中、击不中变换，将在方形区域有若干标记点的输出，我们可以通过对输出点取重心的做法来得到矩形区域的实际位置。

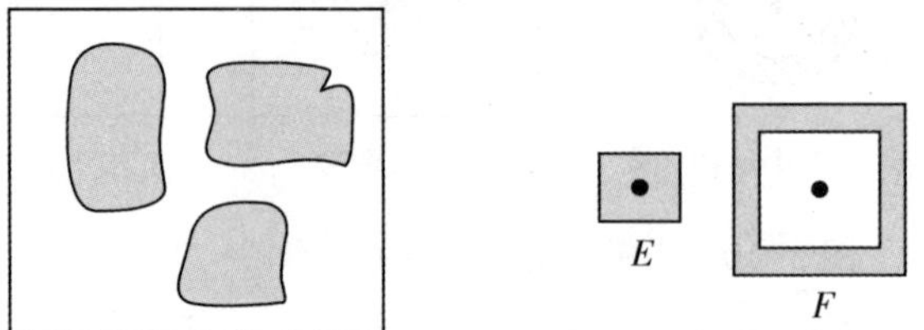

(a) 有噪声污染的目标图像　(b) 识别有变形目标的结构元素对

图 3-12　利用击中、击不中变换识别物体的过程 2

2. 细化

数字图像细化是一种最常见的使用击中、击不中变换的形态学算法。对于结构对 $B=(E,\ F)$，利用 B 细化 S 定义为

$$S\otimes B=S\setminus(S*B) \tag{3-8}$$

即 $S\otimes B$ 为 $S*B$ 与 S 的差集。更一般地，利用结构对序列 B^1，B^2，…，B^k 迭代产生输出序列：

$$S^1=S\otimes B^1,\ \cdots S^k=S^{k-1}\otimes B^k \tag{3-9}$$

或

$$\{S^k\}=S\otimes\{B^i\}=(\cdots((S\otimes B^1)\otimes B^2)\cdots\otimes B^k) \tag{3-10}$$

随着迭代的进行，得到的集合也不断细化。假设输入集合是有限的，最终将得到一个细化的图像。

图 3-13 表示了利用一个结构对 E 和 F 作用于图像 S 的连续迭代过程，击中、击不中变换标记图像的左下角，并在迭代的过程中通过细化除去这些标记。图 3-13 中仅利用了一个结构对，因而细化是有方向性的。

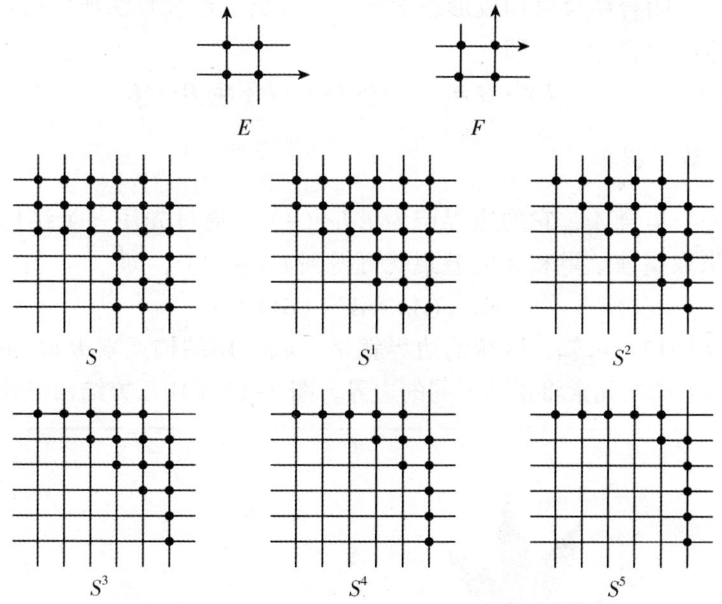

图 3-13　利用一个结构对的细化

图 3-14 给出了 8 个方向的结构元素对，当用这 8 个结构元素对循环对图像进行细化时，则细化可以以更对称的方式完成。

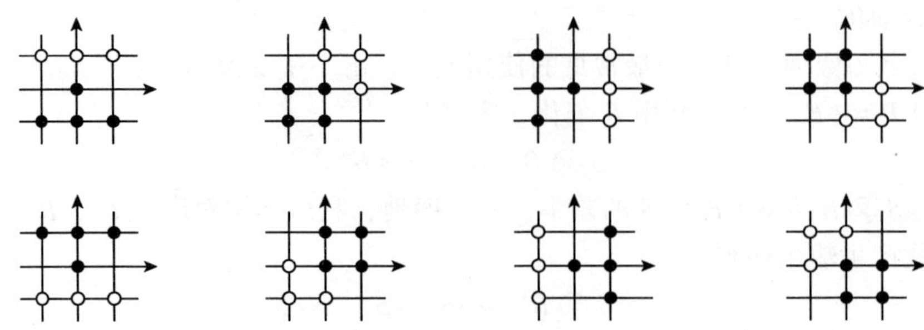

图 3-14　8 个方向的结构元素对

三、二值图像形态学的应用

（一）噪声滤除

将开启和闭合结合可构成形态学噪声滤波器。滤波算法所用的运算是先进行开启后进行闭合运算，即

$$(A \circ b) \cdot B = \{[(A \Theta B) \oplus B] \oplus B\} \Theta B \tag{3-11}$$

（二）边界提取

设有一个集合 A，它的边界记为 $Edge(A)$。通过先用一个结构元素 B 腐蚀 A，再求取腐蚀结果和 A 的差集就可得到 $Edge(A)$，即

$$Edge(A) = A - (A \Theta B) \tag{3-12}$$

从式（3-12）可知，区域的边界就是区域 A 用结构元素 B 腐蚀掉的部分。所以用不同的结构元素将得到不同的边界。图 3-15 是用正方结构得到的边界。

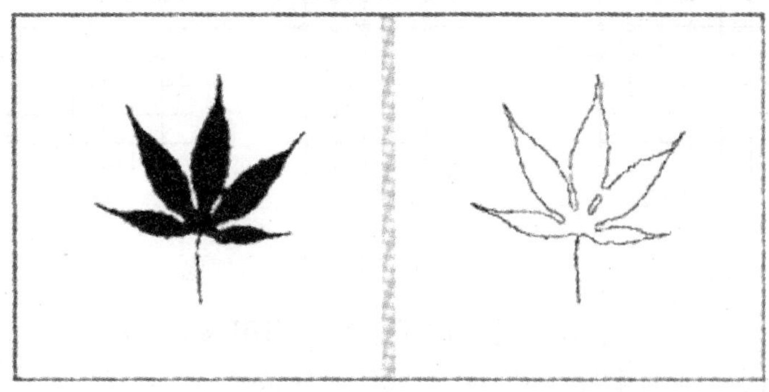

图 3-15　正方结构边界提取

（三）区域填充

区域和其边界可以互求。已知区域可求得其边界，反过来，已知边界通过填充也可得到区域。图 3-16 给出区域填充的一个例子，其中，图 3-16（a）给出一个区域边界点的集合 A，它的补集如图 3-16（b）所示，可通过用结构元素，如图 3-16（c）所示对它膨胀、求补和求交来填充区域。首先给边界内一个点作为种子点赋 1，如图 3-16（d）所示，然后根据下列迭代公式填充，设 X_0 = {种子点}，

$$X_k = (X_{k-1} \oplus B) \cap A^{C} (k = 1, 2, \cdots) \tag{3-13}$$

当 $X_k = X_{k-1}$ 时停止迭代，如图 3-16（g）所示。其中，图 3-16（e）、(f) 给出其中两个中间步骤时的情况。停止迭代时，X_k 和 A 的并集包括填充了的区域内部和它的边界，如图 3-16h 所示。

式（3-13）中的膨胀过程的每一步都与 A^{C} 进行交运算，控制集合不超出边界，则称这种膨胀为条件膨胀。注意，这里结构元素是 4-连通的，而原被填充的边界是 8-连通的。

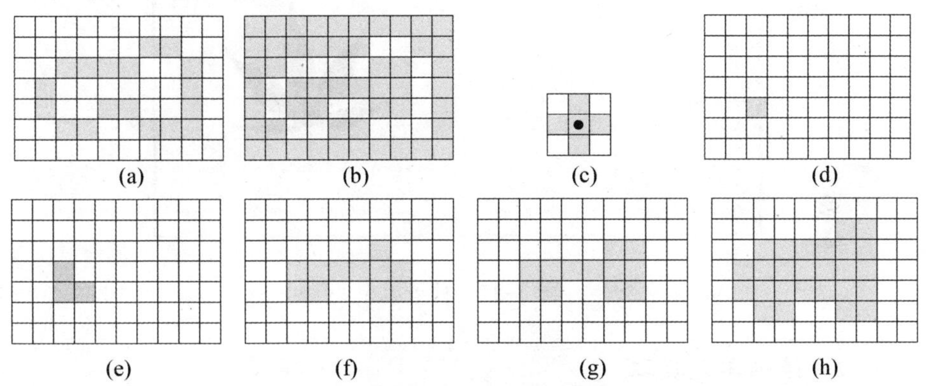

(a)边界; (b)边界余集; (c)结构构元素; (d)种子点; (e)膨胀开始;
(f)中间步骤; (g)膨胀结果; (h)填充结果

图 3-16　区域填充示例

下面的方法实现具有限制条件的膨胀，即膨胀不能超过一个指定的边界图像。程序仅用菱形结构作为结构元素。读者可以使用其他结构元素，实现区域种子填充。

根据式（3-13）编写的形态学种子填充算法如下：

fillflag = true;

img［］［］原边界图

in [ ] [ ] 输入图像

out [ ] [ ] 输出图像

(1) 获取种子点 (x, y)

(2) in$[x][y]$ = 1；其余 out$[i][j]$ = 0；

(3) while (fillflag) {

fillflag=false;

对图像 in 在 img 条件下进行膨胀，若填充一点，fillflag=true;

膨胀结果输出 out;

in=out;

}

(4) 将输出图像 out 加上原边界图像 ing。

图 3-17 实现了种子填充。注意，程序需要用鼠标单击填充区域内一点作为种子点，才能实现区域填充。

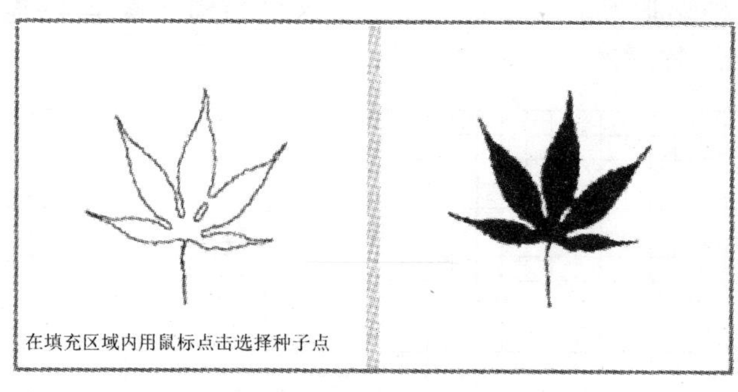

图 3-17　种子填充

(四) 连通单元提取

在 4-连通或 8-连通规定下，若点 p 和 q 之间存在点列 $p_i(i=1, \cdots, m)$，使得点列 $p, p_1, p_2, \cdots, p_m, q$ 中前后相邻两点都是连通的，则称点 p 和 q 之间存在连通关系。如果规定的连通是 4-连通，则相应的关系称为 4-连通关系。类似地，若规定的连通是 8-连通，则相应的关系称为 8-连通关系。在由一个种子点出发，所有与种子点具有连通关系的点组成的集合称为连通单元。如图 3-18 所示，图中有两个连通单元。设 Y 代表在集合 A 中的一个连通单元。设已知 Y 中的一个种子点，那么可用下列迭代公式得到连通单元 Y 的全部元素，设 X_0 = {种子点}，

$$X_k = (X_{k-1} \oplus B) \cap A(k = 1, 2, \cdots) \tag{3-14}$$

当 $X_k = X_{k-1}$ 时，停止迭代。这时得 $Y = X_k$ 。

显然，式（3-14）与式（3-13）是类似的，仅仅是限制图像不同而已。

图 3-18　连通单元示意图

（五）计算欧拉数

应用种子填充算法还可以计算欧拉数。设图像 $bw(p)$ 已经二值化。区域中的点 p 满足 $bw(p)=1$，其余点 p 满足 $bw(p)=0$。以下是计算欧拉数的算法，算法分为两部分，第一部分计算区域数目 $numC$ ，第二部分计算欧拉数 $eulerN$ 。

（1）计算区域数目 $numC$ 。

① $numC = 0$，边界检测。

②标记边界点为-1。

③用 2 标记区域外部点。

④除去外轮廓边界，即将外轮廓边界和区域外部全部标记-1。

⑤搜索区域内部种子点，若找到种子点，进入下一步；否则结束计算 $numC$ 。

⑥用种子填充算法，填充区域，$numC$ 增 1。清除已填充的区域，返回步骤⑤。

⑦将最后的孔洞部分转变为二值图像。代表孔洞像素点的值转变成 1，孔洞外部像素点的值转变成 0，输出仅有孔洞的图像，并得到区域数 $numC$ ，记为 $numC_1$，如图 3-19 所示。

（2）计算欧拉数 $eulerN$ 。

对步骤（1）输出的图像再次计算区域数目，记得到的区域数为

$$eulerN = numC_1 - numC_2$$

检测结果如图 3-20 所示。

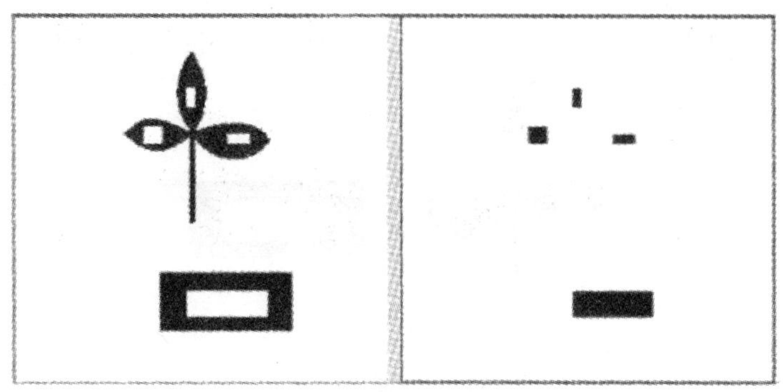

图 3-19 “计算区域数目”后输出的图像

图 3-20 计算欧拉数

第三节 灰度形态学

一、相关概念

在定义灰度形态学运算之前，先介绍几个与二值形态学平移、子集和并等相对应的概念。为了便于说明问题，我们用图形表示信号。

（一）信号的平移

信号的图形可以按两种方式移动，即水平移动和垂直移动。将信号 f 向右

水平移动 x，称为移位，定义为 $f_x(z)=f(z-x)$。将信号 f 竖直移动 y，称为偏移，定义为 $(f+y)(z)=f(z)+y$。当移位和偏移同时存在时，便得到形态学平移 f_{x+y}，其定义为

$$(f_x+y)(z)=f(z-x+y) \tag{3-15}$$

图 3-21 表示了一个信号 f 的形态学平移。

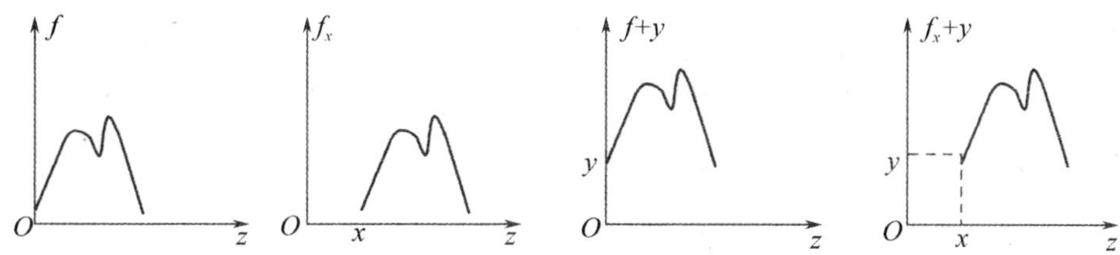

图 3-21　信号的平移与偏移

（二）信号的次序关系

假设 g 和 f 分别为定义在域 $D[g]$ 和 $D[f]$ 上的两个信号，如果：① g 的定义域是 f 定义域的子集；②对于 g 的定义域中的任一点 x 有 $g(x)<f(x)$，那么，称 g 在 f 的下方，记为 $g\ll f$。在图 3-22（a）中，$g\ll f$；在图 3-22（b）中 g 不在 f 的下方；而对于图 3-22（c）的情况，g 的定义域不是 f 定义域的子集，因此 g 也不在 f 的下方。

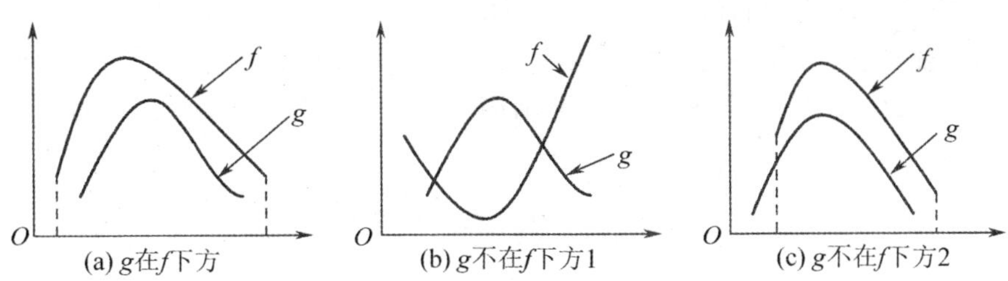

图 3-22　信号的次序关系

（三）反射

它是参照集合在平面内相对原点的旋转而提出来的。如果 h 为定义域 $D[h]$ 内的一个信号，h 对原点的反射定义为

$$h^{\Lambda}(x)=-h(-x) \tag{3-16}$$

式中：h^{Λ} 表示 h 对原点的反射

如图 3-23 所示，信号的反射式通过先对纵轴反射，然后对横轴反射得到。

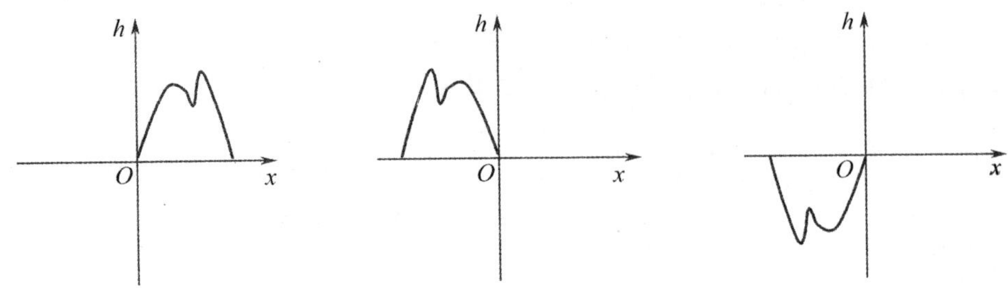

图 3-23　信号的反射示意图

二、灰度腐蚀和膨胀

（一）灰度腐蚀

利用结构元素 g（也是一个信号）对信号 f 的腐蚀定义为

$$(f\Theta g)(x)=\max\{y:\ g_x+y\ll f\} \tag{3-17}$$

从几何角度讲，为了求出信号被结构元素在点 x 腐蚀的结果，我们在空间滑动这个结构元素，使其原点与 x 重合，然后向上推结构元素，结构元素仍处于信号下方所能达到的最大值即为该点的腐蚀结果。由于结构元素必须在信号的下方，故空间平移结构元素的定义域必为信号定义域的子集，否则腐蚀在该点没有意义。图 3-24 是利用半圆形结构元素 g 对信号 f 的腐蚀示意图。

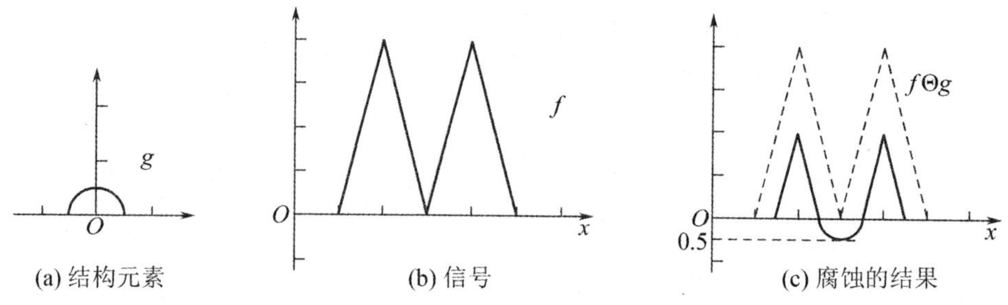

图 3-24　利用半圆形结构元素对信号腐蚀

上推结构元素求出方程（3-17）的极大值，只是计算灰度腐蚀的一种方法。我们还可以通过计算在平移结构元素的定义域上信号值与平移结构元素之

间的最小差值来得到灰度腐蚀。这是因为这个最小值与上推结构元素的最大值是相等的。由此得到灰度腐蚀的另一种表达形式：

$$(f\Theta g)(x)=\min\{f(z)-g_x(z):\ z\in D[g_x]\}\tag{3-18}$$

例如，离散的结构元素 g 和信号 f 分别为

$$f=(*_{\Delta}\quad *\quad 0\quad 2\quad 1\quad 5\quad 9\quad 6\quad 1\quad 0)$$

$$g=(5_{\Delta}\quad 5\quad 4)$$

其中，“ * ”代表信号无定义（负无穷大）的点，带“ Δ ”下标的元素表示原点的位置。用结构元素 g 对 f 进行腐蚀，将 g 向右平移，当其平移 2 个单位时，g 变为

$$g=(*_{\Delta}\quad *\quad 5\quad 5\quad 4)$$

利用方程（3-14）有

$(f\Theta g)(2)=\min\{0-5,\ 2-5,\ 1-4\}=-5$

连续将 g 向右平移，并进行极小值运算，得到腐蚀后的信号：

$f\Theta g=(*_{\Delta}\quad *\quad -5\quad -4\quad -4\quad 0\quad -3\quad -4)$

上面例子中定义域的最后一点为 $x=7$，因为超过这一点，平移结构元素便不再位于信号的下方，因此腐蚀信号经过腐蚀以后定义域是缩小的。

（二）灰度膨胀

灰度膨胀也可用灰度腐蚀的对偶运算来定义，即利用结构元素的反射，求将信号限制在结构元素的定义域内时，上推结构元素使其超过信号时的最小值来定义灰度膨胀。f 被 g 膨胀的逐点定义为

$$(f\oplus g)(x)=\min\{y:\ (g^{\Lambda})_x+y\geqslant f\}\tag{3-19}$$

前面关于定义域的限制对于该定义仍然适用。图 3-25 给出了通过上推结构元素对信号进行膨胀的示意图。

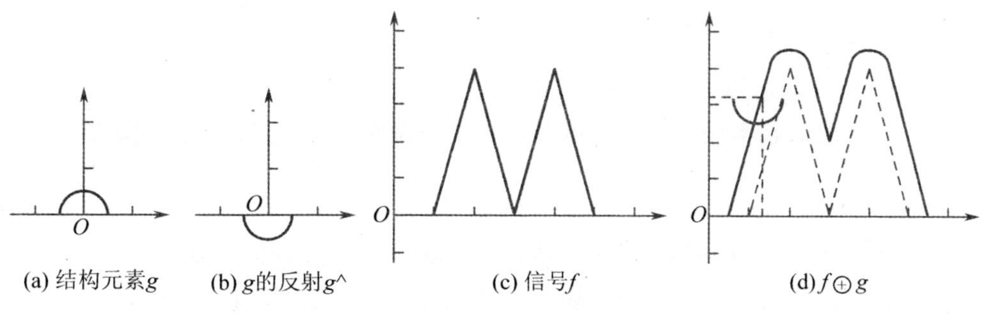

图 3-25　利用结构元素 g 对信号 f 膨胀的示意图

在形态学中，将定义域以外的信号视为负无穷，因此灰度膨胀实际上是在平移结构元素 g 的时候保证了结构元素 g 是在信号 f 上方的最小值。与灰度腐蚀类似，灰度膨胀也可以通过将结构元素的原点平移到与信号重合，然后对信号上的每一点求与结构元素之和的最大值得到，即

$$(f\Theta g)(x)=\max\{f(z)+g_x(z):z\in D[g_x]\} \tag{3-20}$$

假设给定结构元素 g 和信号 f 如下：

$$g=(-3\quad 0_{\Delta}\quad -3)$$

$$f=(7\quad 9\quad 8\quad 3_{\Delta}\quad 8\quad 9\quad 9)$$

其中，“Δ”下标的元素表示原点的位置。根据式（3-20），当结构元素 g 的原点平移至 $x=-4$ 时，结构元素 g 的信号第一次处于 f 的上方，因此

$$(f\Theta g)(-4)=\max\{*,\ *,\ -3+7\}=4$$

同理，可以有

$$(f\Theta g)(-3)=\max\{*,\ 0+7,\ -3+9\}=7$$

$$(f\Theta g)(-2)=\max\{-3+7,\ 0+9,\ -3+8\}=9$$

$$(f\Theta g)(-1)=\max\{-3+9,\ 0+8,\ -3+3\}=8$$

最后的膨胀结果为

$$f\oplus g=(4\quad 7\quad 9\quad 8\quad 5_{\Delta}\quad 8\quad 9\quad 9\quad 6)$$

从膨胀结果可以看出，信号经过膨胀以后定义域扩展了。

我们还可以利用全局明可夫斯基和定义膨胀：

$$f\Theta g=\vee\ \{f_x+g(x):x\in D[g]\} \tag{3-21}$$

根据这一表达式，计算得到灰度膨胀结果为

$$f\oplus g=(4\quad 7\quad 9\quad 8\quad 5_{\Delta}\quad 8\quad 9\quad 9\quad 6)$$

可以看出该结果与式（3-20）的结果是一致的。不难看出，式（3-20）和式（3-21）两个公式的计算量是相同的，只是表达方式不同而已。

（三）灰度开运算和闭运算

1. 灰度开运算

与二值形态学相类似，灰度开运算是先做腐蚀再做膨胀的迭代运算，其公式为

$$f\circ g=(f\Theta g)\oplus g \tag{3-22}$$

图 3-26 是结构元素 g 对信号 f 开运算的过程示意图，从图中可以看出，开运算可以滤掉信号向上的小噪声，且保持信号的基本形状不变。当然，噪声的滤除效果也与所选择结构元素的大小和形状有关，假如本例中结构元素的长度小于信号向上突起的噪声的底端长度，那么开运算的结果将会削弱噪声而不

是消除噪声。

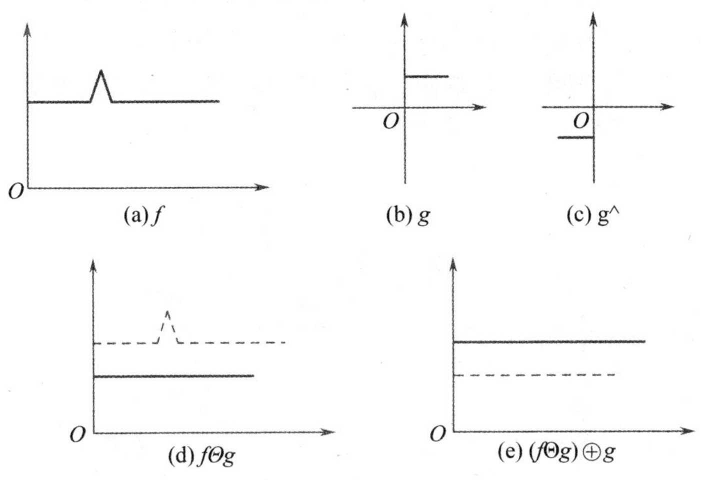

图 3-26　开运算过程示意图

2. 灰度闭运算

灰度闭运算是开运算的对偶运算，即先做膨胀后做腐蚀运算，其公式为

$$f \cdot g = (f \oplus g) \Theta g \qquad (3\text{-}23)$$

图 3-27 是利用图 3-26 中的结构元素对图 3-27（a）信号 f 做闭运算的过程示意图，从图中可以看出，闭运算可以滤掉向下的小噪声，且保持信号的基本形状不变。与开运算相同，结构元素的选择也会影响滤波的效果。

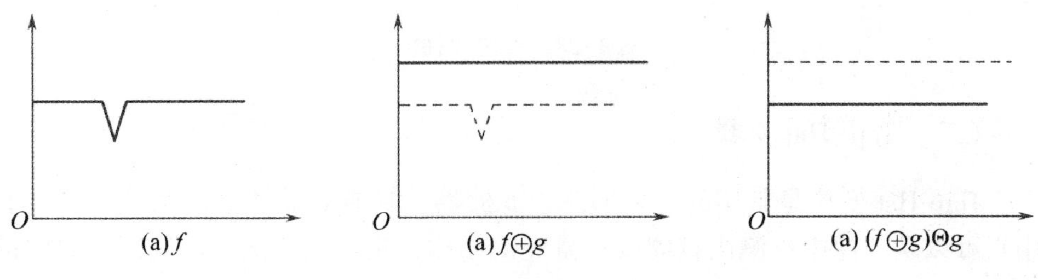

图 3-27　闭运算过程示意图

（四）灰度形态学梯度

在用梯度检测图像边缘时是基于以下考虑：如果在某一点处的梯度值大，则表示在该点处图像的明暗变化迅速，从而可能有边缘通过。在形态学处理中也提出了几种梯度，本节介绍其中的一种，称为形态学梯度，其定义为

$$\mathrm{GRAD}(f) = (f \oplus g) - (f \Theta g) \tag{3-24}$$

其中，g 为以原点为中心的扁平结构元素（定义域上取常数的结构元素）。图 3-28 给出了对信号 f 求梯度的过程示意图，其中 g 为定义域内取值为 0 的扁平结构元素，从图中可以看出，输出信号在输入信号跳变处形成了较高的值。

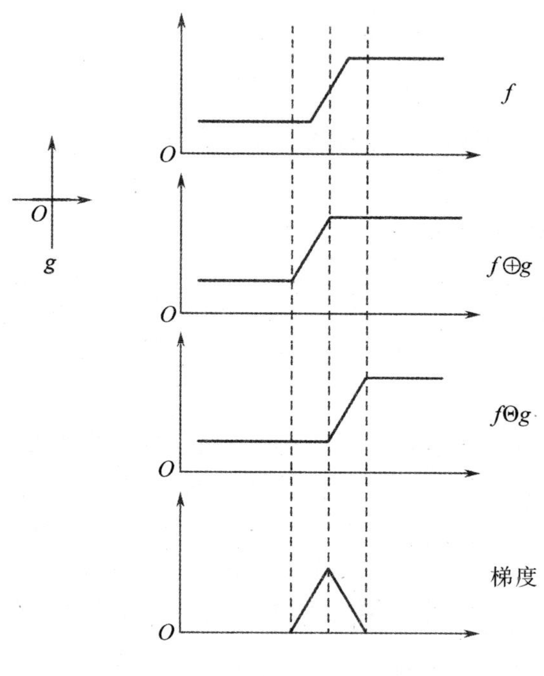

图 3-28　形态学梯度

（五）Top-Hat 变换

Top-Hat 变换是常用的一种形态学滤波器，具有高通滤波的某些特性，利用它可以从图像中检测出较周围背景亮的结构，也可以检测出较周围背景暗的结构。

根据开运算、闭运算的不同，Top-Hat 变换可分为开 Top-Hat 变换和闭 Top-Hat 变换。开 Top-Hat 变换算子定义为

$$\mathrm{HAT}(f) = f - (f \circ g) \tag{3-25}$$

其中，g 为结构元素。因为开运算是一种非扩展运算，处理过程处在原始图像的下方，所以 HAT(f) 总是非负的。图 3-29 给出了开 Top-Hat 算子的一个例子，采用的结构元素 g 为一扁平结构元素，其长度较原始信号的跳跃尖峰

的宽度稍大一点。从图中可以看到，信号中的峰值已经被检测出来了。

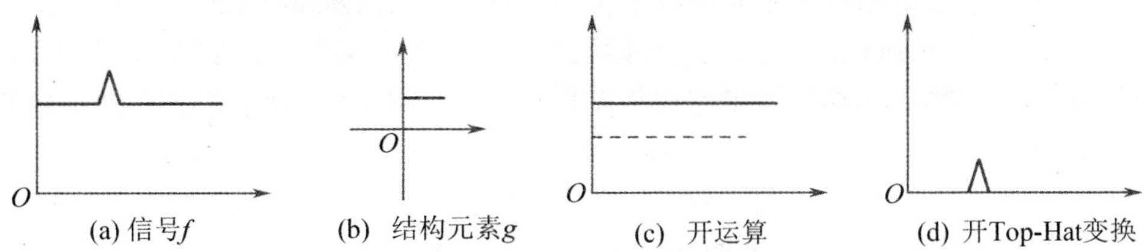

图 3-29　开 Top-Hat 变换示意图

式（3-25）的对偶算子称为闭 Top-Hat 变换，其定义为

$$\mathrm{Vally}(f) = (f \cdot g) - f \tag{3-26}$$

由于闭运算是扩展的，其处理结果位于输入图像的上部，因此根据式（3-23），闭 Top-Hat 变换的输出结果也是非负的。图 3-30 给出了闭 Top-Hat 算子的一个例子，从图中可以看到，信号中的谷值已经被检测出来了。

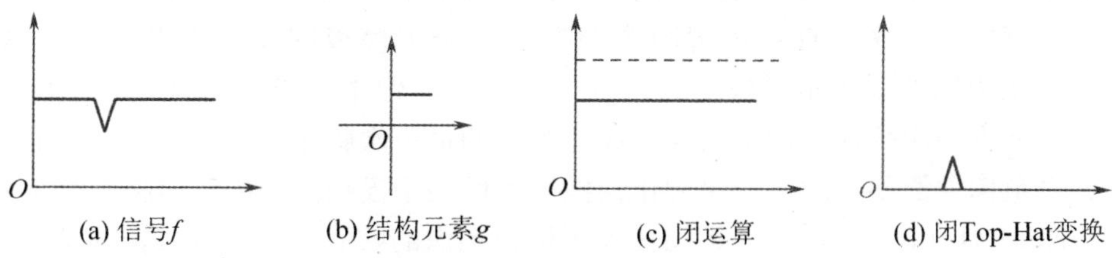

图 3-30　闭 Top-Hat 变换示意图

由 Top-Hat 变化的定义可知，开 Top-Hat 算子能检测出图像中的峰结构，因此也叫波峰检测器。闭 Top-Hat 算子能检测出图像中的谷结构，因此也叫波谷检测器。为了检测图像中的峰和谷，可以同时使用开运算和闭运算，然后求其差。即

$$\mathrm{PV}(f) = (f \cdot g) - (f \circ g) \tag{3-27}$$

三、灰度形态学重构

灰度形态学重构是一种重要的形态学变换。前面介绍的灰度图像形态学操作都是利用一幅图像和一个结构元素，而灰度形态学重构利用两幅图像来约束图像变换，其中一幅称为标记图像（marker），另一幅称为模板图像（mask）。灰度形态学重构是在模板图像的约束下，对标记图像进行处理。

设 f 和 g 分别表示标记图像和模板图像，f 和 g 的尺寸相同，且对于灰度值，$f \leqslant g$ 。f 关于 g 的 1 次测地膨胀（geodesic dilation）定义为

$$D_g^{(1)}(f) = \min\{f \oplus kb,\ g\} \tag{3-28}$$

式中：$f \oplus kb$ 表示结构元素 b 对标记图像 f 的连续 k 次灰度膨胀。1 次测地膨胀的过程为，首先执行结构元素 b 对标记图像 f 的灰度膨胀，然后关于每一个像素 (x, y) 计算灰度膨胀结果与模板图像 g 的最小值。f 关于 g 的 n 次测地膨胀定义为

$$D_g^{(n)}(f) = D_g^{(1)}\{D_g^{(n-1)}(f)\},\quad D_g^{(0)}(f) = f \tag{3-29}$$

式（3-29）实际上表明 $D_g^{(n)}(f)$ 是式（3-24）的 n 次迭代，初始值 $D_g^{(0)}(f)$ 为标记图像 f。

标记图像 f 关于模板图像 g 的膨胀式形态学重构 $R_g^D(f)$ 定义为，f 关于 g 的测地膨胀经过式（3-25）的迭代过程直至膨胀不再发生变化为止，可表示为

$$R_g^D(f) = D_g^{(n)}(f) \tag{3-30}$$

式中：n 满足 $D_g^{(n)}(f) = D_g^{(n-1)}(f)$。

图 3-31 通过一维函数直观解释了膨胀式形态学重构的几何意义，标记图像的像素值不能大于模板图像中对应坐标的像素值。膨胀式形态学重构对标记图像进行反复膨胀，直至标记图像的边界拟合了模板图像的边界。图 3-31（a）中上方的曲线表示模板图像，通过从模板图像中减去一个常数形成标记图像，下方的曲线表示标记图像，标记图像的每一次膨胀都受到模板图像的约束，直至像素值不再发生变化为止，标记图像关于模板图像的测地膨胀终止迭代。图 3-31（b）显示了标记图像关于模板图像的膨胀式形态学重构的结果。

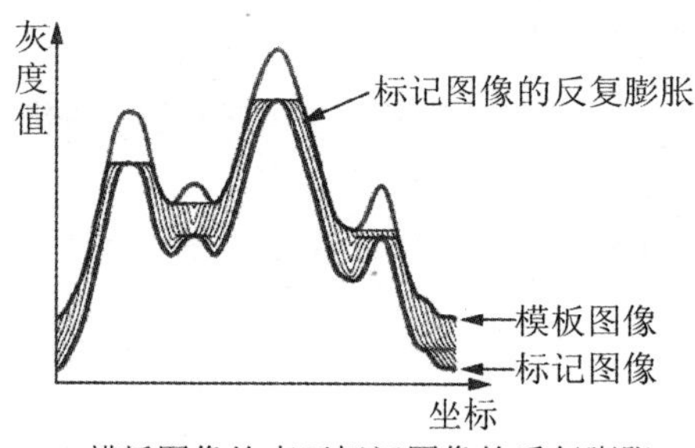

(a) 模板图像约束下标记图像的反复膨胀

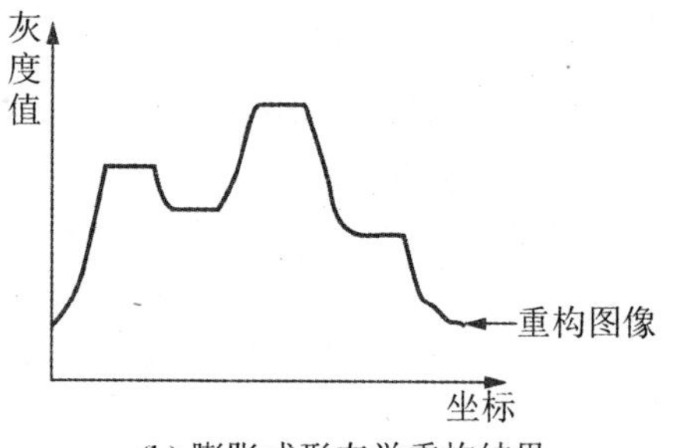

(b) 膨胀式形态学重构结果

图 3-31 膨胀式形态学重构的一维图释

开重构运算（opening by reconstruction）和闭重构运算（closing by reconstruction）是两种常用的灰度形态学重构技术，不同于灰度开运算和灰度闭运算，这两种运算都定义在膨胀式形态学重构的基础上。在开重构运算中，首先对灰度图像进行腐蚀运算，但是不同于灰度开运算中腐蚀运算后进行膨胀运算，而是利用腐蚀图像作为标记图像，而原图像作为模板图像，执行膨胀式

形态学重构。灰度图像f的k次开重构运算，记作$R_{\text{open}}^{(n)}(f)$，定义为f的k次灰度腐蚀的膨胀式形态学重构，可表示为

$$R_{\text{open}}^{(n)}(f)=R_{f}^{D}\{f\Theta kb\} \tag{3-31}$$

式中：$f\Theta kb$表示结构元素b对灰度图像f的连续k次灰度腐蚀，$R_{f}^{D}\{\cdot\}$表示关于模板图像f的膨胀式形态学重构操作。开重构运算的作用是保持灰度腐蚀后保留的图像内容的整体形状。同理，闭重构运算与灰度闭运算的不同之处在于，闭重构运算中对灰度膨胀运算后并不是执行灰度腐蚀运算，而是将膨胀图像的灰度反转作为标记图像，原图像的灰度反转作为模板图像，执行膨胀式形态学重构，然后对结果图像的灰度求反来实现的。灰度图像f的k次闭重构运算，记作$R_{\text{close}}^{(n)}(f)$，可表示为

$$R_{\text{close}}^{(n)}(f)=(R_{f^c}^{D}\{(f\oplus kb)^c\})^c \tag{3-32}$$

式中：$f\oplus kb$表示结构元素b对灰度图像f的连续k次灰度膨胀，$(\cdot)^c$表示灰度反转图像，$R_{f^c}^{D}\{\cdot\}$表示关于模板图像f^c的膨胀式形态学重构操作。闭重构运算的作用是保持灰度膨胀后保留的图像内容的整体形状。

图3-32通过一维水平灰度级剖面图直观解释开重构运算和闭重构运算的几何意义。图3-32（a）和（b）中的实线分别表示开重构运算和闭重构运算的结果，点划线表示原图像。通过研究者的比较，得出开重构运算和闭重构运算在消除尺寸小于结构元素的细节部分的同时，能够很好地保持目标的整体形状。

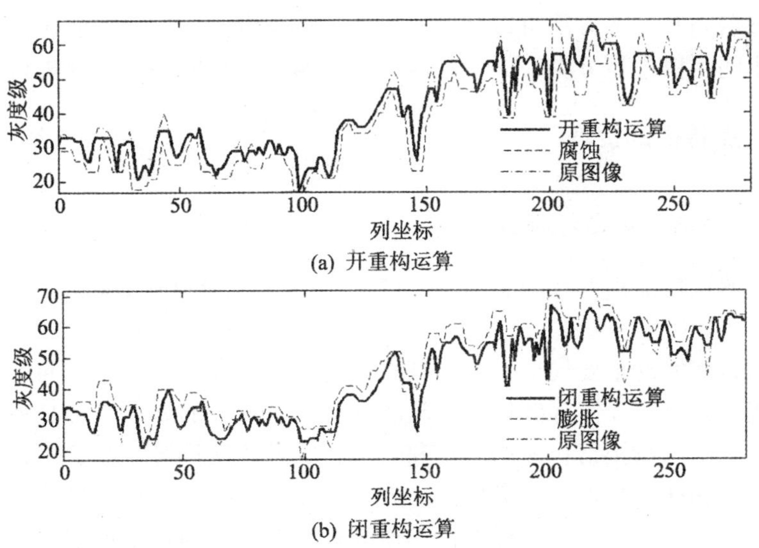

图3-32　开重构运算和闭重构运算的一维图示，图中曲线为图像的水平灰度级剖面图

第四章　图像的特征提取

图像特征的提取与信息表示是进行图像分析的基础，使用计算机获取图像中的有用数据信息，提取的特征能够有效表达图像内容是图像语义分析的前提条件。特征提取是图像处理中的一个初级运算，也就是说它是对一个图像进行的第一个运算处理。对于某个特定的图像特征，通常有多种表达方式，从各个不同的角度刻画该特征的某些性质。

第一节　点特征提取与匹配

特征点通常是图像中易于确定的特殊点，比如角点、线条交叉点、T 形交汇点、高曲率点，或者边界封闭区域的重心等。一旦在两幅图像中选定了两个特征点集后，有若干方法可以用来匹配两个特征点集，这些方法包括对两个点集的最小间距树进行分类、松弛和匹配，对两个点集的凸部边缘进行匹配等。

一、点特征的提取

（一）Harris 角点特征提取

常用的点特征提取算法有 Harris 算子、Moravec 算子、Forstner 算子和小波变换算子等。

角点是图像的重要局部特征，其直观定义是指在至少两个方向上图像灰度变化均较大的点。在实际图像中，轮廓的拐角、线段的末端等都是角点。角点特征因具有信息量丰富，便于测量和表示，能够适应环境光照变化，尤其适用于处理遮挡和几何变形问题等优点而成为许多特征匹配算法的首选。

在角点处，图像的灰度梯度是不连续的，而且在角点临近的区域，梯度有两个或者两个以上的不同值，Harris 算子就是根据这个事实提出的。Harris 算

子受信号处理中自相关函数的启发，给出与自相关函数相联系的矩阵 M 。M 阵的特征值是自相关函数的一阶曲率，如果两个曲率值都高，那么就认为该点是角点。

对灰度图像上的每个像素点，计算其在横向和纵向的一阶导数，以及两者的乘积，这样可以得到三幅新的图像。三幅图像中的每个像素对应的属性值分别代表 x 方向的梯度 g_x 、y 方向的梯度 g_y 和 g_xg_y 。对这三幅图像进行高斯滤波，计算原图像上对应的每个点的兴趣值：

$$M = G(\bar{s}) * \begin{bmatrix} g_x & g_xg_y \\ g_xg_y & g_y \end{bmatrix} \tag{4-1}$$

$$I = \det(M) - kt_r^2(M) \tag{4-2}$$

式中：* 是卷积；k 为权值系数，在具体应用中一般设为经验常数；$G(\bar{s})$ 为高斯模板；det 为矩阵的行列式；t_r 为矩阵的迹。

Harris 算法认为，特征点是局部范围内的极大兴趣值对应的像素点。因此，在计算完各点的兴趣值后，要提取原始图像中所有局部兴趣值最大的点。在实际操作中，可依次从以每个像素为中心的 3 × 3 的窗口中提取最大值，如果中心点像素的兴趣值就是最大值，则该点就是特征点。

（二）角点匹配算法

所谓角点匹配是指找出图像 I_1 和 I_2 中的唯一对应的角点。这里介绍一种基于奇异值分解的角点匹配算法。

I 和 J 为两幅图像，分别包含 m 个特征点 $I_i(i = 1, \cdots, m)$ 和 n 个特征点 $J_j(j = 1, \cdots, n)$ ，则基于奇异值分解的特征匹配算法步骤如下所述。

首先，分别取特征点 I_i 和 J_j 的 $W \times W$ 邻域 A 和 B ，于是可得这两个区域的互相关系数：

$$C_{ij} = \frac{\sum_{u=1}^{W}\sum_{v=1}^{W}(A_{uv} - \bar{A})(B_{uv} - \bar{B})}{W^2\sigma(A)\sigma(B)} \tag{4-3}$$

式中：$\bar{A}$ 和 $\bar{B}$ 分别为区域 A 和 B 的均值，$\sigma(A)$ 和 $\sigma(B)$ 为标准差。可以看出，C_{ij} 在 -1（两区域完全不同）~ 1（两区域完全相同）之间变化。

然后，根据两个特征点 I_i 和 J_j 的高斯加权距离表示 C_{ij} 构造相似矩阵 G ，即

$$C_{ij} = \frac{C_{ij} + 1}{2}\mathrm{e}^{-r_{ij}^2/2\sigma^2}, \ i = 1, \cdots, m, \ j = 1, \cdots, n \tag{4-4}$$

其中，$r_{ij}=\|I_i-J_j\|$ 为两个特征点之间的欧式距离。由式（4-4）可以看出，C_{ij} 为正且其变化范围为 0~1。参数 σ 用于控制两个特征点之间的相互作用，当 σ 小时，C_{ij} 就大，实际应用中可根据经验设定。

最后，对 G 进行奇异值分解：

$$G=TDU^{\mathrm{T}} \tag{4-5}$$

式中：$T\in M_m$，$U\in M_n$，且均为正交矩阵；D 为对角阵，$D\in M_{m,n}$，D 中对角线元素按降序排列。将 D 中对角线元素值不为 0 的元素值置 1，构造矩阵 E，进而可以得到矩阵 P：

$$P=TEU^{\mathrm{T}} \tag{4-6}$$

矩阵 P 和 G 具有相同的形状，且它可以很好地突出相匹配的特征点，抑制非对应的特征点。如果 P_{ij} 既是它所在行的最大值，也是它所在列的最大值，则特征点 I_i 和 J_j 为一一对应点，否则 I_i 和 J_j 不完全匹配。

特征点匹配算法需满足以下三个准则：

（1）相似性准则：两个特征点所在的区域应相似。

（2）相近准则：两幅图中的两个特征点不应相距太远，对满足相似性准则的几个特征点，选择最近的两个点。

（3）唯一性准则：特征点匹配应该是一一对应的。

从以上特征点匹配过程可以看出，该算法满足相近准则（矩阵 G 为相似性矩阵）和唯一性准则（矩阵 T 和 U 为正交矩阵，即矩阵 P 每行元素的平方和为 1），因此某个特征 I_i 不可能和多个 J_j 的相关性都强，而矩阵 T 的每行和 U 的每行的相互正交也保证了一幅图像中的不同特征点都和另一幅图像的相匹配的特征点紧密相关。

二、空间特征点匹配

空间特征点匹配是指建立各成像基站中同名像点对应关系的过程，是数字化视觉精密测量不可或缺的关键步骤之一。

利用空间光束交会约束求解待测特征点的三维坐标需要建立同名像点的对应关系，将对应的图像坐标观测值代入数学模型进行优化求解。除外部方位装置和编码点具有确定的标号和匹配关系外，空间待测特征点的像点在各成像基站中的对应关系未知，需要进行匹配。

（一）基于外极线约束的特征点匹配方法

由外极线约束可知：图 4-1 中，像面 I 上的像点 m 在像面 I' 上的匹配点 m' 必定在 m 对应的外极线 $e'm'$ 上。外极线约束将匹配点的搜索范围从二维像

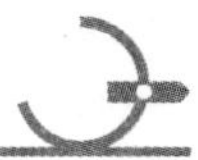

面空间缩小到一维极线空间。

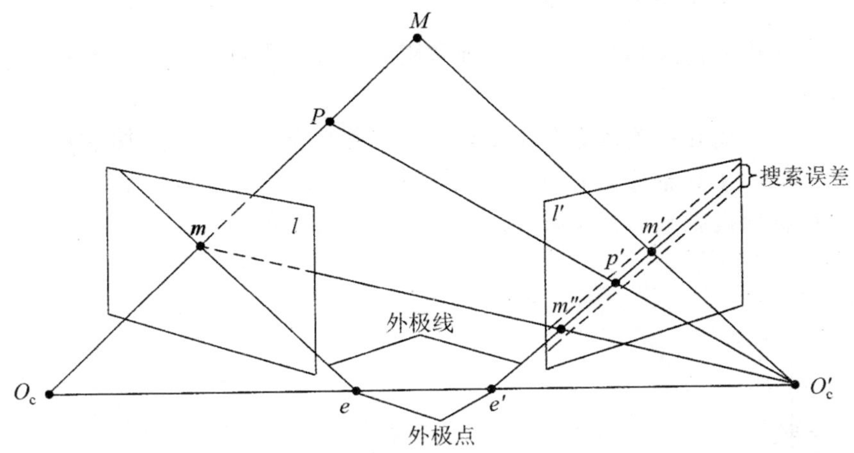

图 4-1　基于外极线约束的特征点匹配搜索

若两成像基站间相对方位确定，像面 I 上像点 m 在像面 I' 上的外极线可以利用透视投影方程得到。例如，对应特征像点 m 的空间直线 $O_e m$ 在像面 I' 上的投影 $e'm''$ 即是 m 的外极线。考虑到成像基站相对方位求解误差和特征像点定位误差的影响，匹配特征像点的搜索范围变成外极线周围的一个误差带，如图 4-1 像面 I' 中虚线区域。外极线几何确定的是“点—直线”映射关系，且外极线周围存在误差带，匹配特征像点的搜索存在多义性，即满足搜索条件的像点不一定是正确匹配点。例如图 4-1 中，空间中处于同一射线 $O_c M$ 上的点 M 和 P ，在像面 I 上的投影都是 m ，在像面 I' 上的投影是位于同一外极线 $e'm'$ 上的点 m' 和 p' ，均符合匹配搜索条件，出现特征点匹配的多义性，导致空间特征点三维坐标计算错误。

为了避免匹配的多义性，实现精确匹配，通常采用三成像基站特征点匹配方法，即外极线约束的三张量方法。

空间点 M 和 P 在像面 I 上的投影都是 m ，在像面 I' 和 I'' 上的匹配像点分别为 m' 、p' 和 m'' 、p'' ，分别位于外极线 l' 和 l'''（像面 l'' 中的虚线）上，像面 I' 上特征像点 m' 和 p' 在像面 I' 上对应的外极线分别为 h' 和 h'' 。由外极线约束可知，m'' 位于外极线 h' 和 l''' 上，p'' 位于外极线 h' 和 l''' 上，即 m'' 、p'' 分别是 l''' 与 h' 、l''' 与 h' 的交点，M 和 P 在各像面上像点的匹配关系能够唯一确定。外极线约束三张量法将匹配点的搜索范围由一维极线空间进一步缩小到两条直线的交点，避免了特征点匹配的多义性。

（二）基于外极平面角的特征点匹配方法

数字化视觉精密测量中，另一种常用的特征点匹配方法是 Sabel 和 Furnee 提出的外极平面角法。

外极平面角几何关系如图 4-2 所示：两相机基线矢量 c_{12}（原点 C_1 到 C_2 的矢量）与相机 1 光轴矢量 a_1 确定的平面称为外极平面；空间点 M 与基线矢量确定平面称为投影平面；投影平面与外极平面的夹角称为外极角。

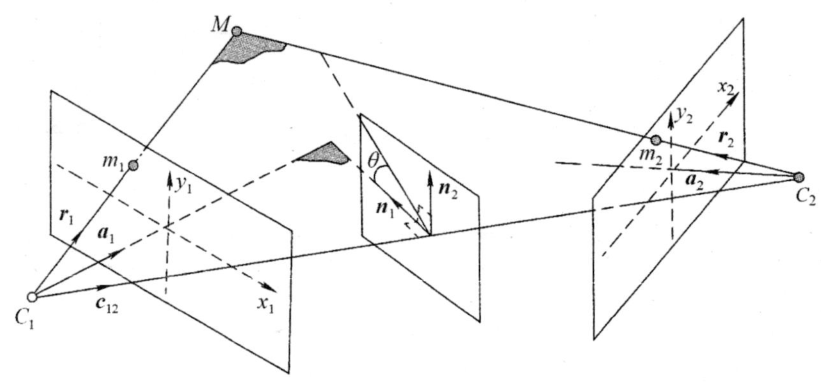

图 4-2　外极平面角几何关系

数学描述为

$$a_1 = R_1 \begin{pmatrix} 0 \\ 0 \\ -0 \end{pmatrix} \tag{4-7}$$

式中：R_1 为第一相机成像基站相对于世界坐标系的旋转矩阵。

由于 c_{12}、a_1 和 n_1 同处于外极平面上，n_2 为外极平面的法向量，有

$$n_2 = c_{12} \times a_1 \tag{4-8}$$

式中：c_{12} 为基线向量，有

$$c_{12} = \frac{C_2 - C_1}{|C_2 - C_1|}$$

则

$$n_1 = n_2 \times c_{12} \tag{4-9}$$

已知特征点的图像观测坐标，结合相机内参数和基站外部方位可以确定特征点的外极角。特征像点向量为

$$r_i^j = R_j \begin{pmatrix} x_i \\ y_i \\ c \end{pmatrix} \tag{4-10}$$

式中：R_j 为第 j 个成像基站相对于世界坐标系的旋转矩阵；(x_i, y_j) 为经过畸变校正的特征点像面坐标（即理想图像坐标）；c 为相机的有效焦距。

对应外极平面角为

$$\theta_{ij} = \arctan(n_2 \cdot r_j^i, \ n_1 \cdot r_j^i) \tag{4-11}$$

式中：θ_{ij} 为第 j 个成像基站中第 i 个特征像点的外极平面角。在各成像基站中，外极角在一定阈值内的特征像点是匹配候选点。

单纯依赖两基站的特征点匹配存在多义性，需引入第三或更多基站实现精确匹配。实际工程应用中通过反推验证完成：当两幅图像中存在匹配候选点时，通过空间交会测量方法计算对应的空间特征点，将得到的空间特征点投影到第三幅图像中，如果第三幅图像中存在特征像点与之匹配（在允许的阈值范围内），证明该像点及前两幅图像中的匹配候选点是匹配点。

第二节　边缘检测与边缘跟踪

一、边缘检测

图像边缘是图像的最基本特征，主要存在于目标与目标、目标与背景、区域与区域（包括不同色彩）之间。它常常意味着一个区域的终结和另一个区域的开始。从本质上讲，图像边缘是以图像局部特征不连续的形式出现的，是图像局部特征突变的一种表现形式，如灰度的突变、颜色的突变、纹理结构的突变等。边缘检测（edge detection）实际上就是找出图像特征发生变化的位置。

（一）边缘的模型、边缘检测的基本步骤

灰度的空间变化模式随着引起其变化的原因的不同而有所不同。因此，在几乎所有的边缘检测算法中，都把几种典型的灰度的空间变化模式假定为边缘的模型，并对对应于那些模型的灰度变化进行检测。

首先，在标准的边缘模型中，采用局部的单一直线边缘作为边缘的空间特

征，因而可根据与直线正交的方向上的灰度变化模式对边缘的类型进行分类。如图 4-4 所示为几种常见的边缘模型。第 1 行为二维图像显示，第 2 行为灰度断面（垂直于边缘方向）显示。

图 4-4（a）所示的阶跃边缘是理想的边缘，图 4-4（b）所示的斜坡边缘表示它已模糊时的边缘，几乎所有的边缘检测算法均考虑这两种边缘模型。图 4-4（c）所示的山型的尖峰状灰度变化，是对宽度较窄的线经模型化后得到的边缘。不过，若线宽变粗的话，则会呈现出两条平行的阶跃边缘的组合形状。这意味着边缘模型随着作为处理对象的图像的分辨率或边缘检测算法中参与运算的邻域的大小而变化。图 4-4（d）所示的屋顶边缘，可认为是图 4-4（c）中边缘已模糊时的边缘。

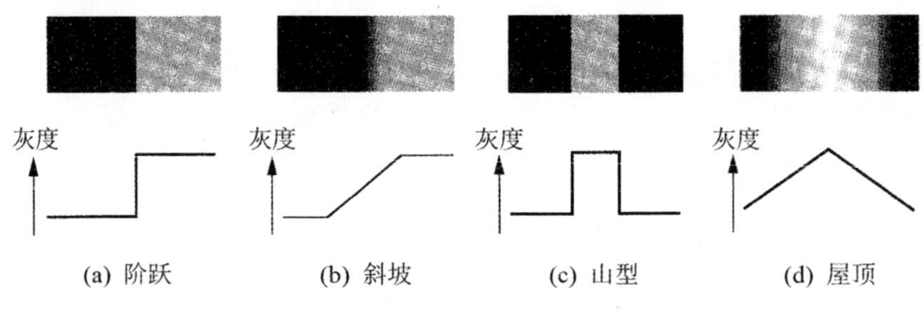

图 4-4　边缘的模型

对于图 4-4（a）中的理想阶跃边缘，图像边缘是清晰的。由于图像采集过程中光学系统成像、数字采样、光照条件等不完善因素的影响，实际图像边缘是模糊的，因而阶跃边缘变成斜坡边缘，斜坡部分与边缘的模糊程度成比例。阶跃边缘处于图像中两个具有不同灰度值的相邻区域之间，如图 4-5 所示，其对应的实际边缘信号的一阶导数在边缘处出现极值，而二阶导数在边缘处出现零交叉。

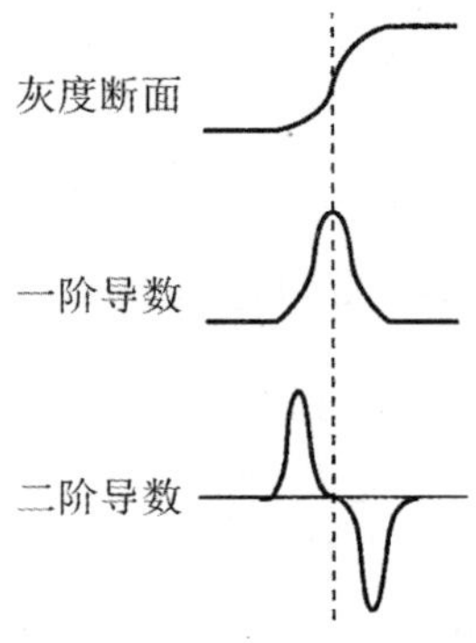

图 4-5　灰度变化与导教

由此可见，图像的边缘可以用灰度变化的一阶或二阶导数来表示。检测阶跃边缘实际上就是要找出使灰度变化的一阶导数取到极大值和二阶导数具有零交叉的像素。典型的边缘检测算法包含以下四个步骤。

1. 滤波

边缘检测算法主要是基于图像强度的一阶和二阶导数，但导数的计算对噪声很敏感，因此必须通过滤波来改善与噪声有关的边缘检测算法的性能。需要指出，大多数滤波器在降低噪声的同时也导致边缘强度的损失，因此，增强边缘和降低噪声之间需要折中。

2. 增强

增强边缘的基础是确定图像各点邻域灰度的变化值。

增强算法可以将邻域（或局部）灰度值有显著变化地凸显出来，而检测图像灰度变化的最基本的方法是求图像函数$f(x, y)$的微分。函数的微分中，有偏微分、高阶微分等各种微分形式，但在边缘检测中最常用的微分是梯度（gradient）$\Delta^2 f(x, y)$和拉普拉斯算子（Laplacian）$\Delta^2 f(x, y)$。

3. 检测

在图像中有许多点的梯度幅值比较大，而这些点在特定的应用领域中并不都是边缘，所以应该用某种方法来确定哪些点是边缘点。最简单的边缘检测判据是梯度幅值阈值判据。也就是说，通过使用差分、梯度、拉普拉斯算子及各种高通滤波进行边缘增强后，只要再进行一次阈值化处理，便可以实现边缘检测。

4. 定位

如果某一应用场合要求确定边缘位置，则边缘的位置可在亚像素分辨率上来估计，边缘的方位也可以被估计出来。

（二）基于梯度的边缘检测

边缘是图像中灰度发生急剧变化的地方，基于梯度的边缘检测算法的产生便以此为理论依据，它也是最原始、最基本的边缘检测方法。图像的梯度描述了灰度变化速率，因此通过梯度可以增强图像中的灰度变化区域，然后进一步判断增强的区域边缘。

对于二维图像函数$f(x, y)$，在其坐标(x, y)上的梯度可以定义为一个二维列向量，即

$$\Delta f(x, y) = \begin{bmatrix} G_x \\ G_y \end{bmatrix} = \begin{bmatrix} \partial f/\partial x \\ \partial f/\partial y \end{bmatrix} \tag{4-12}$$

梯度矢量的大小用梯度幅值来表示：

$$|\Delta f(x, y)| = \sqrt{\left(\frac{\partial f}{\partial x}\right)^2 + \left(\frac{\partial f}{\partial x}\right)^2} \tag{4-13}$$

梯度幅值是指在（x，y）位置处灰度的最大变化率。一般来讲，也将 $|\Delta f(x, y)|$ 称为梯度。

梯度矢量的方向角，是指在（x，y）位置处灰度最大变化率方向，表示为

$$\theta(x, y) = \arctan(G_y / G_x) \tag{4-14}$$

其中：θ 是相对 x 轴的角度。

梯度幅值计算式（4-13）对应欧氏距离，为了减少计算量，梯度幅值也可按照城区距离和棋盘距离来计算，分别表示为

$$|\Delta f(x, y)| \approx |G_x| + |G_y| \tag{4-15}$$

$$|\Delta f(x, y)| \approx \max\{|G_x|, |G_y|\} \tag{4-16}$$

对数字图像而言，偏导数 $\partial f/\partial x$ 和 $\partial f/\partial y$ 可以用差分来近似。例如，若中心像素 W_5 表示 $f(x, y)$，那么 W_1 表示 $f(x-1, y-1)$，W_2 表示 $f(x, y-1)$。依次类推，那么根据上述模板，最简单的一阶偏导数的计算公式可以表示为

$$G_x = w_5 - w_6,\ G_y = w_5 - w_8 \tag{4-17}$$

式（4-17）中像素间的关系如图 4-6（a）所示。这种梯度计算方法也称为直接差分，直接差分的卷积模板如图 4-6（b）所示。

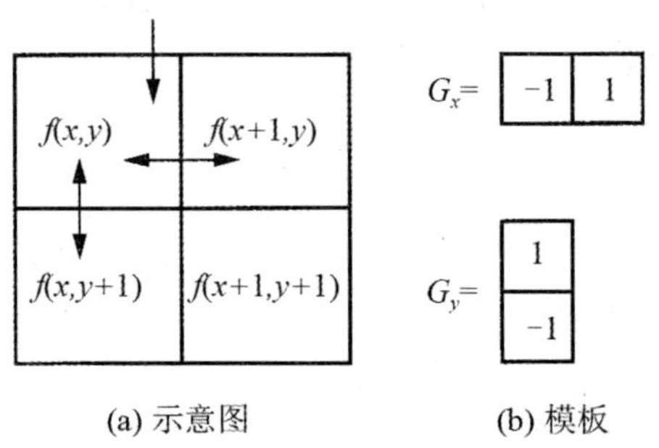

图 4-6　直接差分法

二、边缘跟踪

数字图像可用各种边缘检测方法检测出边缘点，在某些情况下，仅仅获得边缘点是不够的。另外，由于噪声、光照不均匀等因素的影响，获得的边缘点有可能是不连续的，必须通过边缘跟踪（edge tracking）将边缘像素组合成有意义的边缘信息，以便后续处理。边缘跟踪可以直接在原图像上进行，也可以

在边缘跟踪之前，利用前面介绍的边缘检测算子得到梯度图像，然后在梯度图像上进行边缘跟踪。边缘跟踪包含两方面含义：①剔除噪声点，保留真正的边缘点；②填补边缘空白点。

（一）局部处理方法

边缘连接最简单的方法之一是分析图像中每个边缘像素点 (x, y) 的邻域，如 3×3 或 5×5 邻域内像素的特点。将所有依据预定准则被认为是相似的点连接起来，形成由共同满足这些准则的像素组成的一条边缘。在这种分析过程中，确定边缘像素相似性的两个主要性质如下。

1. 用于生成边缘像素的梯度算子的响应强度，有

$$\left|\left|\Delta f(x, y)\right|-\left|\Delta f(x_0, y_0)\right|\right| \leqslant E \tag{4-18}$$

则处于定义的 (x, y) 邻域内坐标为 (x_0, y_0) 的边缘像素，具有与 (x, y) 相似的幅度，这里 E 是一个非负阈值。

2. 梯度矢量的方向由梯度矢量的方向角给出，如果

$$\left|\theta(x, y)-\theta(x_0, y_0)\right| \leqslant \varphi \tag{4-19}$$

则处于定义的 (x, y) 邻域内坐标为 (x_0, y_0) 的边缘像素，具有与 (x, y) 相似的角度，这里 φ 是非负阈值。如前所述，(x, y) 处边缘的方向垂直于此点处梯度矢量的方向。

如果大小和方向准则得到满足，则在 (x, y) 邻域中的点就与位于 (x, y) 的像素连接起来。在图像中的每个位置重复这一操作。当邻域的中心从一个像素转移到另一像素时，这两个相连接点必须记录下来。

（二）边缘跟踪方法

边缘跟踪也称轮廓跟踪、边界跟踪，是由梯度图像中的一个边缘点出发，依次搜索并连接相邻边缘点从而逐步检测出边缘的方法，其目的是区分目标与背景。一般情况下，边缘跟踪算法具有较好的抗噪性，产生的边缘具有较好的刚性。

根据边缘的特点，有的边缘取正值（如阶跃型边缘的一阶导数为正），有的取负值（如屋顶型边缘的二阶导数），有的边缘取 0 值（阶跃型边缘二阶导数，屋顶型边缘一阶导数均过零点），因此可以将边缘跟踪算法分为极大跟踪法、极小跟踪法、极大-极小跟踪法与过零点跟踪法。

1. 边缘跟踪过程

（1）确定边缘跟踪的起始边缘点。其中，起始边缘点可以是一个也可以是多个。

（2）确定和采取一种合适的数据结构和搜索策略，根据已经发现的边缘点确定下一个检测目标并对其进行检测。

（3）确定搜索终结的准则或终止条件（如封闭边缘回到起点），并在满足条件时停止进程，结束搜索。

2. 常用的边缘跟踪技术

常用的边缘跟踪技术有两种：探测法和梯度图法。假设图像为二值图像且图像边缘明确，图像中只有一个封闭边缘的目标，那么探测法的基本步骤如下：

（1）假设 k 为记录图像边缘线像素点数的变量，其初始值为 0。

（2）自上而下、自左向右扫描图像，发现某个像素 P_0 从 0 变到 1 时，记录其坐标 (x_0, y_0)，$k=0$。

（3）从像素 (x_k+1, y_k) 开始按顺时针方向，如图 4-7（a）所示，研究其 8 邻域，将第一次出现的 1 - 像素记为 P_k，并存储其坐标 (x_k, y_k)，置 $k=k+1$。

（4）如果 8 邻域全为 0 - 像素，则 P_0 为孤立点，终止追踪。

（5）如果 P_k 和 P_0 是同一个点，即 $x_k=x_0, y_k=y_0$，则表明 p_1，…，p_{n-1} 已形成一个闭环，终止本条轮廓线追踪；否则返回步骤（3）继续跟踪。

（6）把搜索起点移到图像的别处，继续进行下一轮廓搜索。应注意新的搜索起点一定要在已得到的边缘线所围区域之外。

边缘跟踪结果如图 4-7（b）所示。

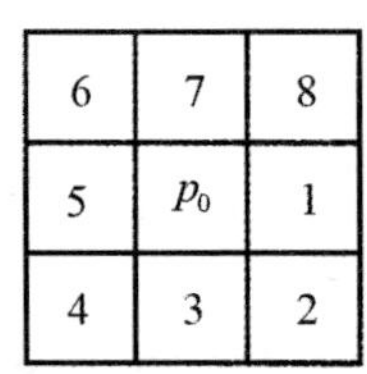

6	7	8
5	p_0	1
4	3	2

(a) 1-像素搜索顺序

(b) 边缘跟踪示例

图 4-7　边缘跟踪算法示意图

需要注意以下三点：

（1）跟踪过程中要赋给已经确定出的边界点的已跟踪过标志。

（2）若有多个区域，则再重复以上步骤，直到扫描点到达左下角点。

（3）外侧的边界线按逆时针方向跟踪，内侧的边界线按顺时针方向跟踪。

第三节　颜色特征提取

一、概述

在图像的底层视觉特征中，颜色特征是最显著、可靠和稳定的视觉特征，在许多情况下是描述一幅图像最简便而有效的特征。人们对于一幅图像的印象，往往是从图像中颜色的空间分布开始，因而颜色特征是人识别图像的主要感知特征。

颜色特征是一种全局特征，描述了图像或图像区域所对应的景物的表面性质。一般的，颜色特征是基于像素的特征，此时所有属于图像或局部区域的像素都有各自的贡献。相对于几何特征而言，颜色对图像中对象的大小（尺寸）、方向和视角的变化都不敏感，具有相当强的鲁棒性。同时，颜色往往和图像中所包含的物体或场景十分相关。

由于颜色对图像或局部区域的方向和大小等的变化不敏感，所以颜色特征不能很好地捕捉图像中对象的局部特征。

对于颜色特征的表达，需要考虑如下问题：首先，需要选择合适的颜色空间来描述和计算颜色特征；其次，要选择合适的方法将颜色特征量化；最后，还要定义一种相似度标准用来衡量图像之间在颜色上的相似性或差异性。

本节主要讨论颜色特征量化的问题，介绍颜色直方图、颜色集、颜色聚合向量以及颜色相关图等目前常用的颜色特征表示方法。

二、颜色直方图

颜色直方图是表示彩色图像中颜色分布的一种方法，是最常用的表达颜色特征的方法。它描述的是不同色彩在整幅图像中所占的比例，并不关心每种色彩所处的空间位置，即无法描述图像中的对象或物体。颜色直方图特别适于描述那些难以进行自动分割的彩色图像。

（一）概念

颜色直方图是统计图像中具有某一特定颜色的像素数目形成的各颜色的直方图表示，不同的直方图代表不同图像的特征。它的横轴表示颜色等级，纵轴表示在某一个颜色等级上具有该颜色的像素在整幅图像中所占的比例，直方图颜色空间中的每一个刻度表示颜色空间中的一种颜色。

设一幅图像包含 M 个像素，图像的颜色空间被量化成 N 个不同颜色。统计直方图 $p(k)$ 定义为

$$p(k) = \frac{n_k}{M},\ k = 0,\ 1,\ \cdots,\ N - 1 \tag{4-20}$$

式中：n_k 是第 k 种颜色在整幅图像中具有的像素数。图 4-8 为两个颜色直方图示例。

累计直方图定义为

$$I(k) = \sum_{i=0}^{k} \frac{n_i}{M},\ k = 0,\ 1,\ \cdots,\ N - 1 \tag{4-21}$$

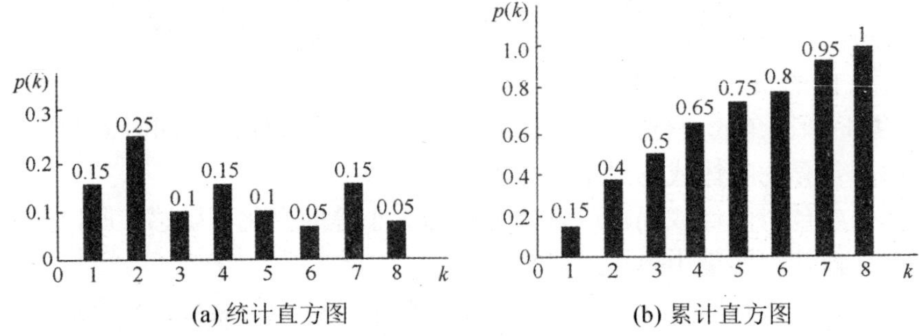

图 4-8　颜色直方图示例

（二）特点

颜色直方图包含了图像中的颜色信息，反映了颜色的数量特征，其优点包括：计算简单，通过对图像中的像素进行遍历即可建立；对于平移、旋转、尺度变化和部分遮挡情况具有不变性；采用直方图计算图像之间的相似性比较简单；能简单描述一幅图像中颜色的全局分布，即不同色彩在整幅图像中所占的比例，特别适用于描述那些难以自动分割的图像和不需要考虑物体空间位置的图像。

其缺点是：它描述的是不同颜色在整幅图像中所占的比例，不关心每种颜色的空间位置，无法捕捉颜色组成之间的空间关系，不能反映图像中对象的空间特征，丢失了图像的空间信息；无法描述图像中颜色的局部分布及每种色彩所处的空间位置，即无法描述图像中的某一具体的对象或物体。

（三）颜色直方图和灰度直方图的区别

彩色图像变换成灰度图像的公式为

$$g = \frac{R + G + B}{3} \tag{4-22}$$

式中：R、G、B 为彩色图像的三个分量，g 为转换后的灰度值。直方图是对一个变量的统计图形，而颜色不是一个变量，无法画成一元函数形式的图，因而颜色直方图的概念不是最清楚的。但可以改用颜色的某个参数（如亮度、波长等）就可以产生直方图。一般的彩色图像的直方图都是亮度的直方图，也就是灰度的直方图。

可以取颜色的编码（索引值）作为变量来画直方图。当调色板中的颜色为灰阶值时，就是灰度直方图；否则，因为索引值是任意的，从直方图中就看不出自变量和其对应函数值的关系了。另外，这只能适用于索引模式的图像，对于 RGB 图像是不适用的。

（四）建立颜色直方图

建立颜色直方图时，首先要选择适当的颜色空间。由于大部分的数字图像都是用 RGB 颜色空间表达的，因而最常用的颜色空间是 RGB 空间。然而，RGB 空间结构并不符合人对颜色相似性的主观判断，与人的视觉不一致，因而可将 RGB 空间转换到视觉一致性空间，即 HSI 空间、LUV 空间和 LAB 空间，因为它们更接近人对颜色的主观认识，其中 HSI 空间是颜色直方图最常用的颜色空间。除此之外，还可以采用一种更简单的颜色空间：

$$\begin{cases} C_1 = (R + G + B)/3 \\ C_2 = (R + (\max - B))/2 \\ C_3 = (R + 2 \times (\max - G) + B)/4 \end{cases} \tag{4-23}$$

式中：max = 255。

在完成颜色空间的选择之后，需进行颜色量化，即将颜色空间划分成若干个小的颜色区间，每个小区间成为直方图的一个 bin（柱状图中每个柱所在的区间）。然后，通过计算颜色落在每个小区间内的像素数量就可以得到颜色直方图。

颜色量化的方法包括向量量化方法、聚类方法或者神经网络方法等。其中最常用的是将颜色空间的各个分量（维度）进行均匀划分。相比之下，聚类算法则会考虑颜色特征在整个图像空间中的分布情况，从而避免出现某些 bin 中的像素数量非常稀疏的情况，使量化更为有效。另外，如果图像是 RGB 格式而直方图是 HSI 空间中的，则可预先建立从量化的 RGB 空间到量化的 HSI 空间之间的查找表，从而加快直方图的计算过程。

全图的颜色直方图算法过于简单，因此带来很多问题，例如，可能会有两幅根本不同的图像具有完全一样的颜色直方图，不反映颜色位置信息；或者两幅图像的颜色直方图几乎相同，只是互相错开了一个 bin，这时如果采用欧氏距离计算两者之间的相似度，会得到很小的相似度值。为了克服上述缺陷，研究者提出了若干改进方法。例如，将图像分割成若干子块，这样就提供了一定程度的位置信息，而且可以对用户感兴趣的子块加大权重；或者考虑相似但不相同的颜色之间的相似度，可采用二项式距离。或事先对颜色直方图进行平滑处理，即每个 bin 中的像素对于相邻的几个 bin 也有贡献。这样相似但不相同颜色之间的相似度对直方图的相似度也有所贡献。

选择合适的颜色小区间（即直方图的 bin）数目和颜色量化方法与具体应用的性能和效率要求有关。一般来说，颜色小区间的数目越多，直方图对颜色的分辨能力就越强，但是 bin 数目很大的颜色直方图会增加计算负担。一种有效减少直方图 bin 数目的办法是只选用那些数值最大（即像素数目最多）的 bin 来构造图像特征，因为这些表示主要颜色的 bin 能够表达图像中大部分像素的颜色。由于忽略了那些数值较小的 bin，颜色直方图对噪声的敏感程度也降低了。

三、颜色集

颜色直方图是一种全局颜色特征提取与匹配方法，无法区分局部颜色信息。颜色集（color sets）是对颜色直方图的一种近似。

（一）定义

颜色集表示为一个二进制向量，其定义如下：设 BM 是 M 维的二值空间，在 BM 空间的每个轴对应唯一的索引 m 。一个颜色集就是 BM 二值空间中的一个二维矢量，它对应着对颜色 $\{m\}$ 的选择，即颜色 m 出现时，$c[m]=1$，否则 $c[m]=0$。

（二）建立步骤

对一幅彩色图像建立颜色集包括如下步骤：首先将 RGB 颜色空间转化成视觉均衡的颜色空间（如 HSI 空间），并将颜色空间量化成若干个 bin；然后用色彩自动分割技术将图像分为若干区域，每个区域用量化颜色空间的某个颜色分量来索引，从而将图像表达为一个二进制的颜色索引集。

(三) 与颜色直方图的关系

可以通过对颜色直方图设置阈值直接生成颜色集。例如，对于一个颜色 m，给定阈值 τ_m，颜色集与颜色直方图 $h[m]$ 的关系如下：

$$c[m]=\begin{cases}1, & h[m]\geqslant\tau_m\\0, & h[m]<\tau_m\end{cases}\tag{4-24}$$

(四) 特点

颜色直方图和颜色矩只是考虑了图像颜色的整体分布，不涉及位置信息。而颜色集则同时考虑了颜色空间的选择和颜色空间的划分，可通过比较不同图像颜色集之间的距离和色彩区域的空间关系（包括区域的分离、包含、交等，每种对应于不同的评分），来完成图像匹配。因为颜色集表达为二进制的特征向量，可以构造二分查找树来加快图像检索的速度，这对于大规模的图像集合十分有利。

四、颜色聚合向量

颜色聚合向量（color coherence vector）是颜色直方图的一种演变，包含了颜色分布的空间信息。其核心思想是将属于直方图每一个 bin 的像素分为两部分：如果该 bin 内的某些像素占据的连续区域的面积大于给定的阈值，则该区域内的像素作为聚合像素，否则作为非聚合像素。假设 α_i 与 β_i 分别代表直方图的第 i 个 bin 中聚合像素和非聚合像素的数量，图像的颜色聚合向量可以表达为 $<(\alpha_1, \beta_1), (\alpha_2, \beta_2), \cdots(\alpha_N, \beta_N)>$。而 $<\alpha_1+\beta_1, \alpha_2+\beta_2, \cdots, \alpha_N+\beta_N>$ 就是该图像的颜色直方图。

第四节　纹理特征提取

一、纹理的概念和研究内容

(一) 纹理的定义

由于图像纹理形式上的广泛性和多样性，目前还不存在众人公认的纹理定义。研究者针对不同的应用提出了不同的纹理定义，下面列出几种代表性的定义。

定义1 纹理是一种反映图像中同质现象的视觉特征，体现了物体表面共有的内在属性，包含了物体表面结构组织排列的重要信息以及它们与周围环境的联系。

定义2 如果图像内区域的局域统计特征或其他一些图像的局域属性变化缓慢或呈近似周期性变化，则可称其为纹理。

定义3 纹理是指在图像中反复出现的局部模式和它们的排列规则。

定义4 纹理被定义为一个区域属性，区域内的成分不能进行枚举，且成分之间的相互关系不十分明确。

定义5 纹理是一种反映像素的空间分布属性的图像特征，通常表现为局部不规则而宏观有规律的特性。

定义6 纹理具有三大标志：某种局部序列性不断重复、非随机排列和纹理区域内大致均匀的统一体。

总之，上述诸定义都是基于特定应用背景的，其中的共识是：纹理不同于灰度和颜色等图像特征，它通过像素及其周围空间邻域的灰度分布来表现，即局部纹理信息；局部纹理信息不同程度的重复性，即全局纹理信息。一般来说，可以认为纹理由许多相互接近、相互编织的元素构成，并常具有周期性，如人体肌肤的纹理、毛发、天空、水、织物、树木的纹理等。

对纹理的认识或定义决定了提取纹理特征采用的方法，由于难以对纹理给出一个精确和统一的定义，使纹理分析更为错综复杂。这里，我们关注的是一幅图像中物体的纹理度量。如果物体内部各处的灰度级是一个常数，或者接近常数，就说明物体没有纹理。如果物体内部的灰度级变化明显但又不是简单的影调变化，那么该物体就有纹理。为了度量纹理，我们将设法对物体内部灰度级变化的性质进行度量。

（二）纹理研究的领域

纹理研究的领域大致可分成以下三种类型。

1. 纹理的描述和分类

这类问题在图像识别中有重要应用，因此已经引起了广泛的重视。例如，在医学图像处理中利用纹理特性来区别正常细胞和癌细胞，这时就要先抽取这两种细胞图像的纹理特性，然后进行分类识别。

2. 以纹理为特征的图像分割

3. 利用纹理信息推断物体的深度信息或表面方向

纹理可提供关于可见表面几何结构的重要信息，因为图像本身不能提供求解所需的足够信息，为此要对纹理的几何特性做出假设。例如，Gibson 假设纹理基元在物体平面上的分布密度是均匀的，这时根据图像中纹理基元密度的梯度可以确定表面的方向，在纹理基元分布均匀的条件下，表面倾斜方向在图像中的投影就是局部纹理密度变化量大的方向，或者说是垂直于纹理基元分布最均匀的那个方向。但是 Stevens 的研究发现在透视投影的条件下纹理密度梯度既取决于表面方向又取决于物体的距离和位置，因此纹理基元密度并不是表面方向的最优测量方法。

（三）纹理特征

纹理特征是从图像中计算出来的一个值，它对区域内部灰度级变化的特征进行量化。它具有如下特点：

（1）纹理特征是一种全局特征，它描述了图像或图像区域所对应景物的表面性质。但由于纹理只是一种物体表面的特性，并不能完全反映出物体的本质属性，所以仅利用纹理特征无法获得高层次的图像内容。

（2）纹理特征不是基于像素的特征，它需要在包含多个像素的区域中进行统计计算。在模式匹配中，这种区域性的特征具有较大的优越性，不会由于局部的偏差而无法匹配成功。

（3）纹理特征常具有旋转不变性，并且对于噪声有较强的抵抗能力。

（4）纹理特征与物体的位置、走向、尺寸和形状有关，但与平均灰度（亮度）无关，是一种不依赖于颜色或亮度的反映图像中同质现象的视觉特征。

（5）纹理特征是所有物体表面共有的内在特性，例如云彩、树木、砖、织物等都有各自的纹理特征。纹理特征包含了物体表面结构组织排列的重要信息以及它们与周围环境的联系。

（6）当图像的分辨率变化的时候，计算出来的纹理可能会有较大偏差。另外，由于有可能受到光照、反射情况的影响，从二维图像中反映出来的纹理不一定是三维物体表面真实的纹理。例如，水中的倒影、光滑的金属面互相反射造成的影响等都会导致纹理的变化。

（7）在识别和区分具有粗细、疏密等方面较大差别的纹理图像时，利用纹理特征是一种有效的方法。但当纹理之间的粗细、疏密等易于分辨的信息之间相差不大的时候，通常的纹理特征很难准确地反映出对不同纹理的视觉差别。

（四）纹理特征描述方法分类

按照纹理特征提取方法所基于的基础理论和研究思路的不同，并借鉴非常流行的 Tuceryan 和 Jain 的分类方法，将纹理特征提取方法分为四大类：统计法、结构法、模型法和信号处理法。

（1）统计法：是基于像元及其邻域的灰度属性研究纹理区域中的统计特性，或像元及其邻域内的灰度的一阶、二阶或高阶统计特性。其典型代表是灰度共生矩阵。另一种典型方法是通过对图像的自相关函数（即能量谱函数）的计算，提取纹理的粗细度及方向性等特征参数。

（2）结构法：是建立在“纹理基元（基本的纹理元素）”理论基础上的一种纹理特征分析方法。纹理基元理论认为，复杂的纹理可以由若干简单的纹理基元以一定规律的形式重复排列构成。此类方法着力找出纹理基元，不同类型、不同方向纹理基元及数目等决定了纹理的表现形式。

（3）模型法：以图像的构造模型为基础，假设纹理是以某种参数控制的分布模型方式形成的，从纹理图像的实现来估计模型参数，以参数为特征或采用某种分类策略进行图像分割，因此模型参数的估计是此类方法的核心问题。典型的方法是随机场模型法，如马尔可夫随机场（markov random field，MRF）模型法和吉布斯（Gibbs）随机场模型法。自回归纹理模型（SAR）是 MRF 模型的一种应用实例。

（4）信号处理法：是建立在时、频分析与多尺度分析的基础上，对纹理图像中的某个区域进行某种变换后，再提取保持相对平稳的特征值，以此特征值表示区域内的一致性以及区域之间的相异性，如 Gabor 滤波、小波变换等。

信号处理法是从变换域中提取纹理特征，其他三类方法都是直接从图像域提取纹理特征。各类方法既有区别，又有联系。

二、灰度共生矩阵

由于纹理是由灰度分布在空间位置上反复出现而形成的，因而在图像空间中相隔某距离的两像素之间会存在一定的灰度关系，即图像中灰度的空间相关特性。灰度共生矩阵（gray level co-occurrence matrix，GLCM）是 Haralick 等于 1973 年在利用陆地卫星图像研究美国加利福尼亚海岸带的土地利用问题时提出的一种纹理统计分析方法和纹理测量技术，从数学角度研究了图像纹理中灰度级的空间依赖关系。它首先建立一个基于像素之间方向和距离的共生矩阵；然后从矩阵中提取有意义的统计量来表示纹理特征，如能量、惯量、熵和相关性等。

（一）定义

灰度共生矩阵是通过统计空间上具有某种位置关系的一对像素灰度对出现的频度来研究灰度的空间相关特性用以描述纹理的常用方法。关于灰度共生矩阵的定义，目前文献中有不同的表述方法，这里列出一种具有代表性的定义：

定义 灰度共生矩阵 P 是一个二维相关矩阵，规定一个位移矢量 $d=(dx, dy)$，计算被 d 分开且具有灰度级 i 和 j 的所有像素对的个数。

（二）矩阵特征

在纹理图像中，某个方向上相隔一定距离的一对像素灰度出现的统计规律应当能具体反映这个图像的纹理特征。我们就可以根据灰度矩阵的特点来分析图像的纹理。

灰度共生矩阵是以主对角线为对称轴，两边对称的矩阵。如果0°方向上的矩阵主对角线上元素全部为0，说明水平方向上灰度变化的频度高，纹理较细；如果主对角线上的元素值很大，表明水平方向上灰度变化的频度低，说明纹理粗糙。若135°方向的矩阵主对角线上的元素值很大，其余元素为0，则说明该图像沿135°方向无灰度变化。若偏离主对角线方向的元素值较大，则说明纹理较细。对于粗纹理的区域，其灰度共生矩阵中的数值较大者集中于主对角线附近。因为对于粗纹理，像素对趋于具有相同的灰度。而对于细纹理的区域，其数值较大者散布于远离主对角线处。因此，灰度共生矩阵可初步反映影像的纹理特征。

（三）基于灰度共生矩阵的纹理特征提取方法

主要包括图像预处理、灰度级量化和计算特征值3个步骤。

1. 图像预处理

在利用灰度共生矩阵的纹理分析方法进行图像纹理特征提取时，对于所选择的图像都应该先将其转换成具有256个灰度级的灰度图像。然后对灰度图像进行灰度均衡，也称直方图均衡，目的是通过点运算使图像转换为在每一个灰度上都有相同像素的输出图像，提高图像的对比度，且转换后图像的灰度分布也趋于均匀。

2. 灰度级量化

在实际应用中，一幅图像的灰度级数一般是256级，计算灰度共生矩阵时，往往在不影响纹理特征的前提下，先将原图像的灰度级压缩到较小的范围，一般取 8 级或 16 级，以便减小共生矩阵的尺寸。然后根据实际应用的要求选择 D 和 θ，计算出各参数下的共生矩阵并导出特征量，把所有的特征量排列起来就可得到图像或纹理到数字特征的对应关系。

3. 计算特征值

对进行了预处理和灰度级量化的图像计算灰度共生矩阵，并计算二次统计特征量，作为图像的特征值，进行后续的图像分类和识别工作。

灰度共生矩阵表示了灰度的空间依赖性，即在一种纹理模式下像素灰度的空间关系，特别适用于描述微小纹理，并且易于理解和计算，矩阵的大小只与最大灰度级数有关系，而与图像大小无关。

它的缺点是由于矩阵没有包含形状信息，因而不适合描述含有大面积基元的纹理。但是在提取图像的局部纹理特征的方法中，灰度共生矩阵是应用最广泛的。

由灰度共生矩阵提取的纹理特征常用于分析或分类整个区域或整幅图像。对于每一方向的灰度共生矩阵，都可以计算以上特征量；对于四个方向的灰度共生矩阵，每个特征都有 4 个不同方向的纹理特征值，为减少特征空间维数，常将四个方向所得的纹理特征值的均值作为图像特征进行后续分类。

第五节　形状特征提取

一、概述

形状是描述图像内容的重要特征之一，在通常情况下，人类很容易通过一个物体的轮廓或者形状来认识这个物体。同类物体因为光照、纹理和颜色等信息而呈现出不同的面貌，但是，它们的形状却基本相似。然而形状识别对于计算机视觉来说却是一件难事。一方面，图像分割受到背景与物体之间的反差影响以及光源、遮挡等影响，不容易实现；另一方面，摄像机从不同的视角和距离获取的同一场景的图像是不同的，这样给形状的提取和识别带来很大困难。

在人的视觉感知、识别和理解中，形状是一个重要参数，根据形状能够从二维图像中识别出许多物体，因此物体和区域的形状是图像表达和识别中的另一重要特征。

形状的描述涉及对物体或区域的封闭边界或封闭边界所包围区域的描述。

因此，不同于颜色和纹理等底层特征，形状特征的表达必须以对图像中物体或区域的划分为基础。另外，由于人对物体形状的变换、旋转和缩放不太敏感，合适的形状特征必须不受变换、旋转和缩放的影响，即要求形状描述在平移、旋转、缩放时保持不变。

形状特征通常有两种表示方法：轮廓特征（基于边界）和区域特征（基于区域）。前者只用到物体的外边界，而后者则关系到整个区域。

有效的形状特征一般需要尽可能满足以下 5 个条件。

（1）独特性。每幅图像具有一个独特的描述；人类视觉认为相似的图形具有相同的特征，并不同于其他的图形的特征。

（2）平移、旋转、尺度不变性。图形的位置，旋转和尺度的变化不能影响获取的特征。

（3）仿射不变性。提取的特征必须尽量对仿射变换具有一定的不变性。

（4）灵敏性。形状描述能很容易地反映相似目标的差异。

（5）抽象性。形状描述要能从细节中抽象出形状的基本特征，而丢弃一些不必要的特征和噪声。抽象性与形状描述的抗干扰性也应当相关，好的形状描述具有抽象性的同时，对于噪声、少量遮挡也应该具有鲁棒性。

二、基本概念

（一）像素的连接

假设图像中具有相同亮度值的两个像素 A 和 B，如果所有与 A 和 B 具有相同亮度值的像素序列 $L_1(=A)$，L_1，L_2，…，L_{n-1}，$L_n(=B)$ 存在，并且 L_{i-1} 和 L_i 互为 4 邻接或 8 邻接，那么像素 A 和 B 叫做 4 连接或 8 连接，以上的像素序列叫做 4 路径或 8 路径。

（二）连接成分

如图 4-9 所示，把二值图像中互相连接的像素集合汇集为一组，产生具有若干个灰度值为 0 的像素（即 0 像素）组和具有若干个灰度值为 255 的像素（即 1 像素）组，把这些组称连接成分，也称连通成分。在同一个问题中，0-像素和 1-像素应采用互反的连接形式，即如果 1 像素采用 8 连接，则 0-像素必须采用 4-连接。

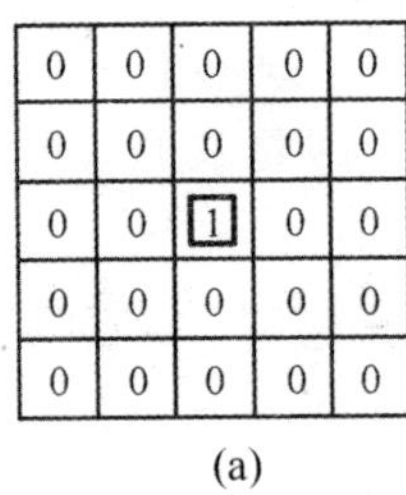

(a)

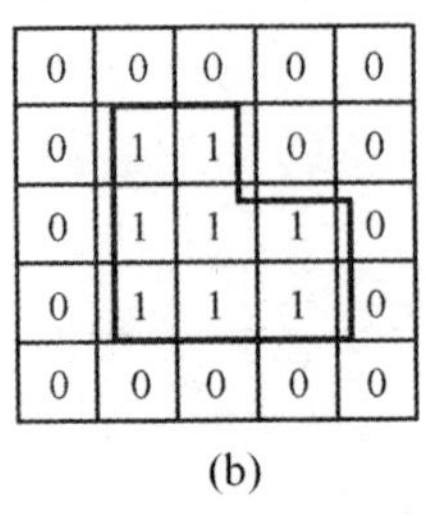

(b)

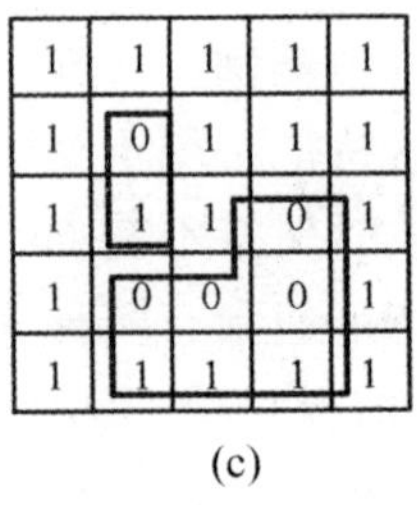

(c)

图 4-9　连接成分

（a）孤立点；（b）单连接成分；（c）多重连接成分

在 0 像素的连接成分中，如果存在和图像外围的 1 行或 1 列的 0 像素不相连接的成分，则称之为孔。不包含有孔的 1 像素连接成分叫做单连接成分。含有孔的 1 像素连接成分叫做多重连接成分。

三、形状特征的应用

形状特征提取和表示在下列领域和应用中扮演着重要角色。

（1）图像检索。给定一个查询形状，在数据库中找到与该图形相似的所有形状，通常情况检索结果是按照形状距离排序的一定范围内的形状。

（2）图形识别和分类。判断一个图形是否与模型充分匹配，或者哪一类与模型最为接近。

（3）图形配准。将一个图形进行变换以实现与另一个图形的最优匹配，可以是全部匹配，也可以是部分匹配。

（4）图形近似和简化。用少量的元素（如点、线段、三角形等）来构造形状，使得构造的形状与原始形状仍然相似。

四、形状的描述和表示

目前常见的形状描述方法分为基于轮廓和基于区域的两大类方法。在每个类别中，不同方法进一步被划分为结构方法和全局方法。

基于轮廓的形状描述主要包括 Freeman 链码、傅里叶描述子、小波描述子、曲率尺度空间和一些主要的形状特征，如圆形度、主轴方向、偏心率，凸包（convex hull）、外切圆（excircle）和内切圆（inscribed circle）等。这些描述子只利用边界信息描述轮廓，因而无法获得形状的内部信息。

基于区域的形状描述方法中，形状描述子是根据形状所围区域内所有像素的信息得到的。最常见的是用矩来描述，其中包括 Hu 矩、几何矩、Legendre

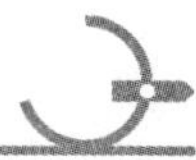

矩、Zernike 矩和伪 Zernike 矩。最近，一些研究人员还使用网格法来描述形状。面积、欧拉数、中轴等几何特征也归为基于区域的形状描述方法。

人们对形状的提取和识别已经做了大量的研究，提出了许许多多的方法。这里仅介绍两种被广泛使用的形状描述和表示方法。

（一）Freeman 链码

链码通过一个具有单位长度和方向的线段序列来表示边界。典型的链码有 4-方向链码和 8-方向链码，通过给每个方向一个数字编码，就可以对线段序列中的每个线段进行编码，从目标边界上某个点（起始点）开始，按顺时针（或逆时针）方向遍历整个边界，就可以得到对该目标区域的链码描述。

边界的链码与所选择的起始点有关，通常需要对链码进行规格化。

在某些场合，还采用链码的一阶微分来表示一个边界，只要简单地计算出链码序列中相邻两个数字所表示的方向之间相差的方向数（按逆时针计算）即可。使用这种链码的好处是它与边界的旋转无关。

（二）（曲）线段序列

复杂的边界可以用一组线段来近似表示。一个区域可以用一个多边形来表示，这些多边形的顶点就形成了对该区域的描述，这可以通过边界的分割来获得。根据不同的精度要求，可以增加或者减少多边形的边数。用一系列的线段来表示边界，主要的问题在于怎样有效地确定边界顶点位置，而确定边界顶点位置的方法主要有边界生长法和容许区间法（tolerance interval approach）等。还可以通过计算轮廓上的一些关键点来提取近似多边形顶点。这类方法主要是利用边界曲率局部极大值，如余弦法和弦长比法。

另一种边界描述方法是用曲线段来描述，称之为“常曲率”（constant curvature）方法，边界通常被分割成二次曲线，如椭圆曲线、抛物线等。如果这些曲线段类型是已知的，则可以对每一种曲线段赋予一个编码，这样就可以得到整个边界的一个编码串（类似于链码）。

第五章　视觉测量原理与技术

视觉测量的目的是实现被测物体空间几何信息的获取，普通成像过程是三维空间到二维空间的变换，丢失一维信息，单纯依靠一幅图像不能提供充分几何约束，无法恢复三维信息。根本的解决途径是在单个摄像机成像以外，通过测量方法涉及，引入（补充）其他几何约束，共同构造充分条件，解算空间信息。本章主要针对视觉测量的原理和技术进行分析。

第一节　摄像机标定

一、视觉测量坐标系

（一）四个基本坐标系

视觉成像建立物体空间和图像空间之间的坐标变换关系，为准确描述成像过程，需要建立四个基本坐标系，分别是世界坐标系、摄像机坐标系、像平面坐标系和图像坐标系，如图 5-1 所示。

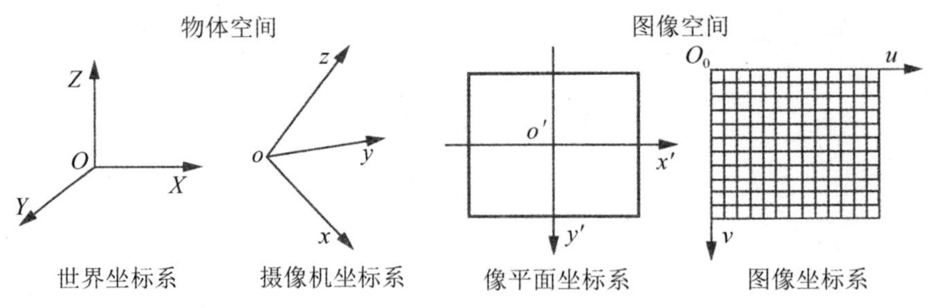

图 5-1　视觉测量坐标系

1. 世界坐标系

世界坐标系（X，Y，Z）也称绝对坐标系，它是客观世界的绝对坐标，一般的三维场景都用这个坐标系来表示。摄像机可以放置在拍摄环境中的任意位置，因此可以用世界坐标系来描述摄像机的位置，并利用它来描述环境中被拍摄物体的位置。

2. 摄像机坐标系

摄像机坐标系（x，y，z）是以摄像机为中心制定的坐标系统，一般常取摄像机的光轴为 z 轴，以摄像机光心为坐标原点。

3. 像平面坐标系

像平面坐标系（x'，y'）一般常取与摄像机坐标系统 $x-y$ 平面相平行的平面，x 与 x' 轴，y 与 y' 轴分别平行，像平面的原点定义在摄像机光轴上。光轴与像平面的交点为像平面坐标系的原点 o'，$\overline{o'o}$ 的长度为摄像机的有效焦距 f。

4. 图像坐标系

像平面坐标系与图像坐标系（u，v）既相区别，也相联系。二者都用来对视觉场景的投影图像进行描述，并且同名坐标轴对应平行，但所采用的单位、坐标原点不同。图像坐标系，其原点定义在图像矩阵的左上角，单位为像素；而像平面坐标系是连续坐标系，其原点定义在摄像机光轴与图像平面的交点（u_0，v_0）处，坐标单位为毫米。

（二）四个坐标系间的变换关系

在如图 5-2 所示的摄像机成像坐标变换原理图中，设空间物点 P 成像后的像点为 p，f 为摄像机有效焦距，不考虑成像畸变的理想透视变换情况下，四个不同坐标系之间存在如下坐标变换关系。

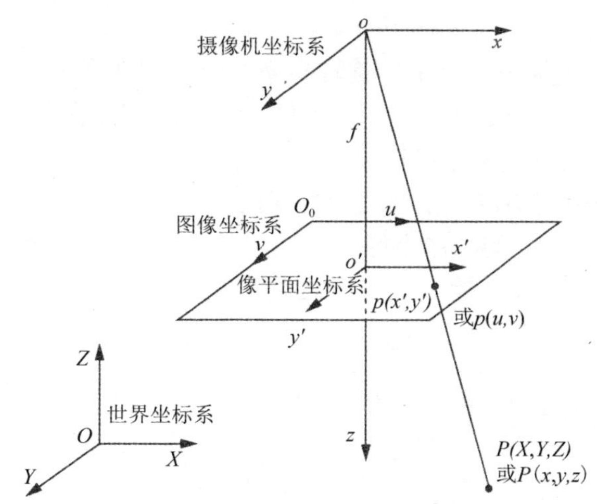

图 5-2　摄像机成像坐标变换原理图

1. 世界坐标与摄像机坐标之间的变换关系

世界坐标系中的点到摄像机坐标系的变换可由一个旋转变换矩阵 $\boldsymbol{R}$ 和一个平移变换向量 $\boldsymbol{t}$ 来描述。于是，空间某一点 P 在世界坐标系与摄像机坐标系下的齐次坐标具有如下关系：

$$\begin{bmatrix} x \\ y \\ z \\ 1 \end{bmatrix} = \begin{bmatrix} \boldsymbol{R} & \boldsymbol{t} \\ 0 & 1 \end{bmatrix} \begin{bmatrix} X \\ Y \\ Z \\ 1 \end{bmatrix} \tag{5-1}$$

式中：$\boldsymbol{R}$ 为 3×3 正交单位矩阵；$\boldsymbol{t}$ 为三维平移向量，其形式为 $\boldsymbol{t} = [T_x \quad T_y \quad T_z]$ 矩阵；$\boldsymbol{0}$ 表示零向量，$\boldsymbol{0} = (0,\ 0,\ 0)^{\mathrm{T}}$。旋转矩阵 $\boldsymbol{R}$ 的具体形式为 $\boldsymbol{R} = \begin{bmatrix} r_1 & r_2 & r_3 \\ r_4 & r_5 & r_6 \\ r_7 & r_8 & r_9 \end{bmatrix}$，由欧拉角将其描述为以下形式：

$$\begin{aligned}
r_1 &= \cos\psi\cos\varphi \\
r_2 &= \sin\theta\sin\psi\cos\varphi - \cos\theta\sin\varphi \\
r_3 &= \cos\theta\sin\psi\cos\varphi - \sin\theta\cos\varphi \\
r_4 &= \cos\psi\sin\varphi \\
r_5 &= \sin\theta\sin\psi\sin\varphi + \cos\theta\cos\varphi \\
r_6 &= \cos\theta\sin\psi\sin\varphi - \sin\theta\cos\varphi \\
r_7 &= \sin\psi \\
r_8 &= \sin\theta\cos\psi \\
r_9 &= \cos\theta\cos\psi
\end{aligned}$$

式中：θ 是光轴的俯仰角（绕 x 轴旋转）；ψ 是光轴的偏航角（绕 y 轴旋转）；φ 是光轴的滚动角（绕 z 轴旋转）；由上面的式子可以看出旋转矩阵 $\boldsymbol{R}$ 中仅仅包含这三个参数，且为单位正交阵。

2. 像平面坐标与摄像机坐标之间的变换关系

$(x',\ y')$ 为像点 p 的图像坐标；$(x,\ y,\ z)$ 为物点 P 在摄像机坐标系下的坐标，同样可以用弃次坐标表示二者之间的透视投影（perspective projection）关系：

$$\begin{bmatrix} x' \\ y' \\ 1 \end{bmatrix} = \begin{bmatrix} f/z & 0 & 0 & 0 \\ 0 & f/z & 0 & 0 \\ 0 & 0 & 1 & 0 \end{bmatrix} \begin{bmatrix} x \\ y \\ z \\ 1 \end{bmatrix} \tag{5-2}$$

3. 像平面坐标与图像坐标之间的变换关系

如图 5-3 所示，(u, v) 表示以像素为单位的计算机图像坐标系的坐标，(x', y') 表示以毫米为单位的像平面坐标系的坐标。在 $x'-y'$ 坐标系中，原点 o' 定义在摄像机光轴与图像平面的交点，即主点，若 o' 在 $u-v$ 坐标系中的坐标为 (u_0, v_0)，每一个像素在 x' 轴与 y' 轴方向上的物理尺寸为 d_x 和 d_y，则图像中任意一个像素在两个坐标系下，有

$$\begin{bmatrix} u \\ v \\ 1 \end{bmatrix} = \begin{bmatrix} 1/d_x & 0 & u_0 \\ 0 & 1/d_y & v_0 \\ 0 & 0 & 1 \end{bmatrix} \begin{bmatrix} x' \\ y' \\ 1 \end{bmatrix} \tag{5-3}$$

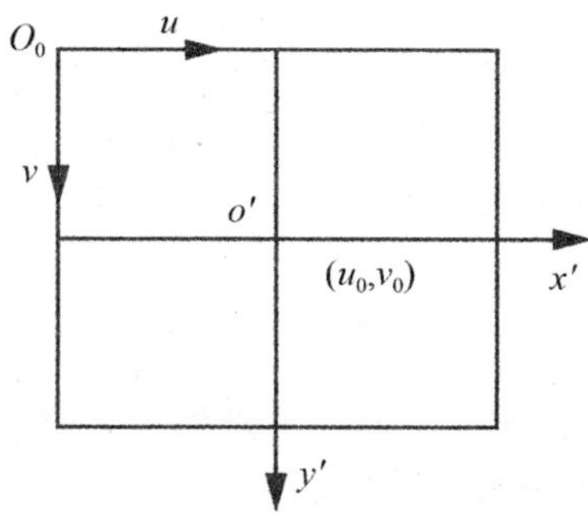

图 5-3　图像坐标系与像平面坐标系

4. 图像坐标与世界坐标之间的变换关系

将式（5-1）代入式（5-2），再代入式（5-3），就得到以世界坐标表示的 P 点坐标与其投影点 p 的坐标 (u, v) 的关系：

$$z\begin{bmatrix} u \\ v \\ 1 \end{bmatrix} = \begin{bmatrix} 1/d_x & 0 & u_0 \\ 0 & 1/d_y & v_0 \\ 0 & 0 & 1 \end{bmatrix} \begin{bmatrix} f & 0 & 0 & 0 \\ 0 & f & 0 & 0 \\ 0 & 0 & 1 & 0 \end{bmatrix} \begin{bmatrix} \boldsymbol{R} & \boldsymbol{t} \\ 0 & 1 \end{bmatrix} \begin{bmatrix} X \\ Y \\ Z \\ 1 \end{bmatrix}$$

$$= \begin{bmatrix} a_x & 0 & u_0 & 0 \\ 0 & a_y & v_0 & 0 \\ 0 & 0 & 1 & 0 \end{bmatrix} \begin{bmatrix} \boldsymbol{R} & \boldsymbol{t} \\ 0 & 1 \end{bmatrix} \begin{bmatrix} X \\ Y \\ Z \\ 1 \end{bmatrix} = \boldsymbol{M}_1\boldsymbol{M}_2\boldsymbol{W}_\mathrm{h} = \boldsymbol{M}\boldsymbol{W}_\mathrm{h} \tag{5-4}$$

式中：$a_x = f/d_x$；$a_y = f/d_y$；$\boldsymbol{M}$ 为 3×4 矩阵，称为投影矩阵；矩阵 $\boldsymbol{M}_1$ 为摄像机内部参数矩阵，由参数 a_x，a_y，u_0 和 v_0 决定，这些参数只与摄像机内部结构有关，称摄像机内部参数。需要注意的是，在某些文献中，内部参数矩阵的形

式为

$$M_1 = \begin{bmatrix} a_x & \mu & u_0 \\ 0 & a_y & v_0 \\ 0 & 0 & 1 \end{bmatrix} \tag{5-5}$$

其中：μ 表示 u 轴和 v 轴的不垂直因子，则矩阵 $\boldsymbol{M}_1$ 由 a_x、a_y、μ、u_0、v_0 五个参数决定。矩阵 $\boldsymbol{M}_2$ 为摄像机外部参数矩阵，包含 6 个只与摄像机相对于世界坐标系的方位有关的外部参数；$\boldsymbol{W}_h$ 为空间点在世界坐标系下的齐次坐标。

式（5-4）也表示当世界坐标、摄像机坐标、像平面坐标和图像坐标都分开且不考虑畸变影响时的通用摄像机模型。

二、摄像机成像模型

摄像机通过成像透镜将三维场景投影到摄像机二维像平面上，这个投影可用成像变换描述，即摄像机成像模型。

（一）针孔模型

针孔模型（pin-hole model）也称线性模型，这是一种最常用的理想状态模型。其物理上相当于薄透视镜成像，它的最大优点是成像关系为线性的，简单实用而不失准确性。

采用透镜成像描述摄像机成像原理，如图 5-4 所示，设物距为 z，透镜焦距为 f，像距为 z'，根据几何光学高斯定理，物距 z、像距 z' 以及焦距 f 三者之间满足如下关系：

$$\frac{1}{z'} - \frac{1}{z} = \frac{1}{f} \tag{5-6}$$

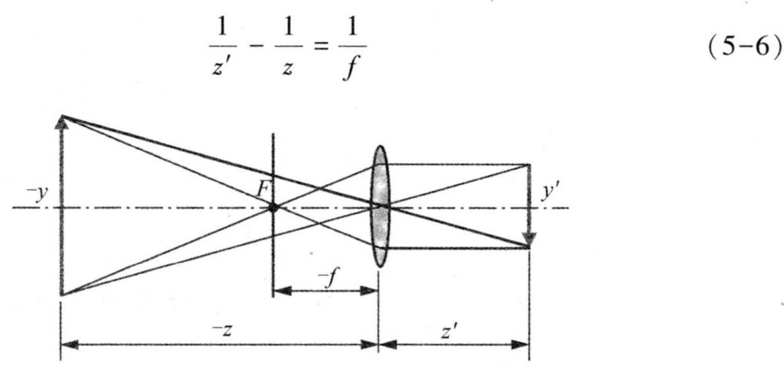

图 5-4　透镜成像原理

物距表示透镜中心到空间物点的距离，像距表示图像平面到透镜中心的距离，透镜中心也称为光学原点，即投影中心。公式（5-6）也称为透镜公式

(lens equation)。

通常情况下，$z \gg f$，即 $z \to \infty$，所以 $z' \approx f$，即像距与焦距相近。实际应用中，针孔成像模型是计算机视觉中广泛采用的理想的投影成像模型，也称针孔模型。

（二）透视投影

计算机视觉依赖于针孔模型模拟透视投影的几何学，但是忽略了景深的影响，基于一个事实：只有一定深度范围内的那些点被投影在图像平面。透视投影假设可视体（view volume）是一个有限的金字塔，被顶点、底面以及在图像平面上的可视矩形的边所限定。

图像几何学（image geometry）将确定物点被投影在图像平面中的什么位置。物点在图像平面的投影模型如图 5-5 所示。

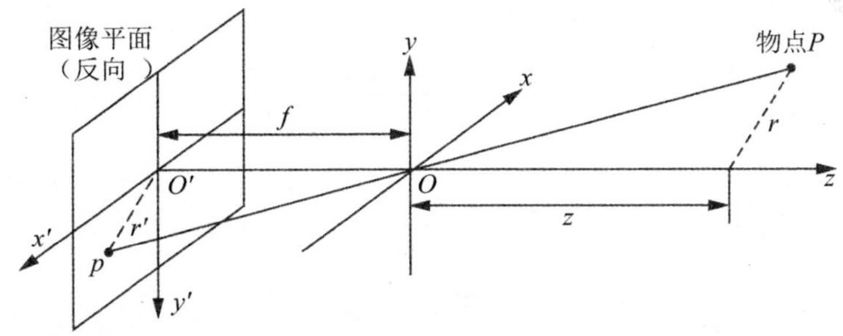

图 5-5　物点在图像平面的投影模型

图像平面平行于三维坐标系统的 $x-y$ 平面且与投影中心的距离等于 f，并且投影图像是反向的。一般情况下，为了避免这种反向，通常假设图像平面在针孔前面，即图像平面位于如图 5-6 所示的投影中心的前方，也就是虚拟图像的位置。

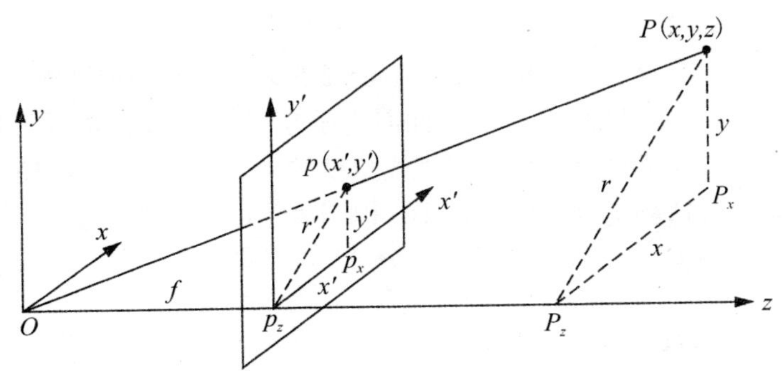

图 5-6　由物点计算投影点图解

（三）摄像机镜头畸变

实验表明，在实际情况下，由于光学元件（镜头）材料素质的差异，成像的图像与原图之间不可僻角的存在畸变，特别是在使用广角镜头时畸变尤为明显。镜头畸变有三类：径向畸变（radial distortion）、偏心畸变（eccentric distortion）和薄棱镜畸变（thin prism distortion）。

1. 径向畸变

径向畸变就是矢量端点沿长度方向发生的变化 Δ_r，也就是矢径的变化，如图 5-7 所示。径向畸变使得图像点相对理想位置发生向内或向外的偏移，又称为对称的径向失真或桶形失真。这种畸变主要是由透镜曲面上的瑕疵造成的，有正负两种偏移效应。负的径向畸变使得外部的点向内部集中，尺寸随之缩小。反过来，正的径向畸变使得外部的点继续向外扩散，尺寸随之变大。径向畸变关于光轴严格对称。

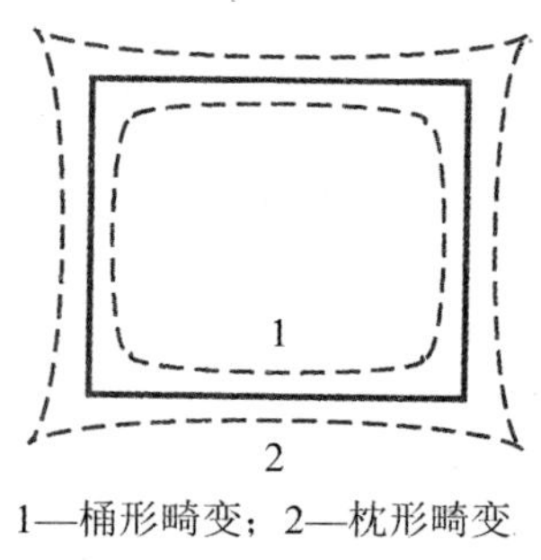

1—桶形畸变；2—枕形畸变

图 5-7　径向畸变

2. 偏心畸变

离心畸变，又称为图像中心点偏移失真，可以理解为光心在成像面横轴和纵轴方向的偏移量。

3. 薄棱镜畸变

这种畸变主要是因为成像面不平整造成的失真，例如透镜的光轴与摄像机的面阵平面之间存在倾角误差。成像面不平整会影响摄影系统三角剖分的精度，它可看成是在成像过程中入射光线角度的函数。因此，当相机采用普通镜头和长焦距时，这种类型的误差较小。但当采用广角镜头和短焦距进行物体近摄时，则误差较大。

三、摄像机标定的方法

(一) 常用的摄像机标定方法分类

目前常用的摄像机标定方法可以归纳为三类：传统摄像机标定方法、摄像机自标定方法和基于主动视觉的标定方法。

(1) 传统的摄像机标定方法。将具有已知形状、尺寸的标定参照物作为摄像机的拍摄对象。然后对采集到的图像进行处理，利用一系列数学变换和计算，求取摄像机模型的内部参数和外部参数。

(2) 自标定方法。不需要特定的参照物，仅仅通过摄像机获取的图像信息来确定摄像机参数。虽然自标定技术的灵活性较强，但由于其需要利用场景中的几何信息，并且鲁棒性和精度都不是很高。

(3) 基于主动视觉的摄像机标定。在已知摄像机的某些运动信息的情况下标定摄像机的方法，已知信息包括定量信息和定性信息。其主要优点是通过已知摄像机的运动信息，线性求解摄像机模型参数，因而算法的稳健性较好。在摄像机运动信息未知和无法控制的场合不能运用。

(二) 经典的标定方法

经典的标定方法主要有线性标定方法（透视变换法）、直接线性变换法、基于径向约束的两步标定法、张正友法和双平面法。其中，线性标定方法是基于线性透视投影模型的标定方法，忽略了摄像机镜头的非线性畸变，用线性方法求解摄像机的内外参数；两步标定法进一步考虑了径向畸变补偿，针对三维立体靶标上的特征点，采用线性模型计算摄像机的某些参数，并将其作为初始值，再考虑畸变因素，利用非线性优化算法进行迭代求解。两步标定法克服了线性方法和非线性优化算法的缺点，提高了标定结果的可靠性和精确度，是非线性模型摄像机标定较为有效的方法；张正友法是介于传统标定方法和自标定方法之间的一种基于二维平面靶标的摄像机标定方法，要求摄像机在两个以上不同方位拍摄一个平面靶标（平面网格点和平面二次曲线），而不需知道运动参数；双平面法的优点是利用线性方法求解有关参数，缺点是求解未知参数数量太大，存在过分参数化的倾向。

经典标定方法的标定流程：

①布置标定点，固定摄像机进行拍摄；

②测量各标定点的图像平面坐标 (u, v)；

③将各标定点相应的图像平面坐标 (u, v) 及世界坐标 (X, Y, Z) 代入摄

像机模型式中，根据标定方法，求解摄像机内外参数。

第二节　三角测量与反推投影

一、空间特征点三角测量

三角测量是指已知左图像点坐标（x_l，y_l）、右图像匹配点坐标（x_r，y_r）及两成像基站的相对方位，确定空间特征点三维坐标（X，Y，Z）的过程，双目立体视觉测量方法就是一种典型的三角测量。

（一）理想情况下的三角测量模型

三角测量根据视差原理实现空间三维点坐标测量，是典型的空间交会（intersection）问题。通过内参数校准和相对方位求解预先得到两相机的内部方位参数和外部方位参数，对于空间一点在两幅图像中的特征点对，得到关于3个未知坐标的4个观测值方程，求解方程组即可确定特征点的空间坐标，如图5-8所示。

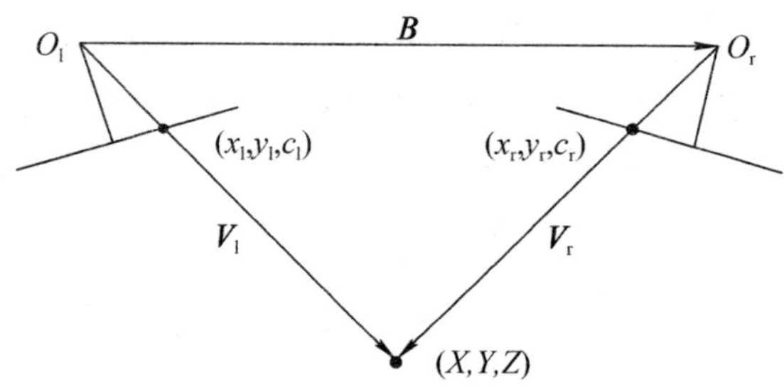

图5-8　三角测量理想成像模型

理想情况下，相机成像抽象为针孔模型，特征像点无噪声干扰，左右图像中对应特征像点的投影线（成像光束）在空间中交于一点，是待求解的空间特征点。设基线矢量、左相机投影矢量、右相机投影矢量分别为 $\boldsymbol{B}$ 、$\boldsymbol{V}_l$ 和 $\boldsymbol{V}_r$ ，根据矢量代数，有

$$\boldsymbol{V}_l = \boldsymbol{B} + \boldsymbol{V}_r \tag{5-7}$$

式中：各矢量表示为

$$\boldsymbol{B}=\begin{pmatrix}X_{0r}-X_{0l}\\Y_{0r}-Y_{0l}\\Z_{0r}-Z_{0l}\end{pmatrix}\tag{5-8}$$

$$\boldsymbol{V}_l=s_l\boldsymbol{R}_l\begin{pmatrix}x_l-x_{0r}\\y_l-y_{0r}\\-c_l\end{pmatrix}\tag{5-9}$$

$$\boldsymbol{V}_r=s_r\boldsymbol{R}_r\begin{pmatrix}x_r-x_{0r}\\y_r-y_{0r}\\-c_r\end{pmatrix}\tag{5-10}$$

式（5-8）~式（5-10）中，$(x_l,\ y_l)$、$(x_r,\ y_r)$ 为左、右像面特征像点的图像坐标；$(x_{0l},\ y_{0l})$、$(x_{0r},\ y_{0r})$ 为左、右像面坐标系的原点坐标；c_l、c_r 为左、右相机的有效焦距；s_l、s_r 为左、右相机投影矢量的比例因子；$(X_{0l},\ Y_{0l},\ Z_{0l})$ 和 $\boldsymbol{R}_l$、$(X_{0r},\ Y_{0r},\ Z_{0r})$ 和 $\boldsymbol{R}_r$ 分别为左、右相机坐标系相对于世界坐标系（公共坐标系）的平移矢量和旋转矩阵。

将式（5-8）~式（5-10）代入式（5-7）中，得

$$\begin{pmatrix}X_{0r}-X_{0l}\\Y_{0r}-Y_{0l}\\Z_{0r}-Z_{0l}\end{pmatrix}=s_l\boldsymbol{R}_l\begin{pmatrix}x_l-x_{0l}\\y_l-y_{0l}\\-c_l\end{pmatrix}-s_r\boldsymbol{R}_r\begin{pmatrix}x_r-x_{0r}\\y_r-y_{0r}\\-c_r\end{pmatrix}\tag{5-11}$$

式（5-11）是含有两个未知参数 $(s_l,\ s_r)$ 的三方程组，求解方程组获得比例因子 s_l 和 s_r，根据下述两方程之一即可得到空间特征点的三维坐标。

$$\begin{pmatrix}X\\Y\\Z\end{pmatrix}=\begin{pmatrix}X_{0l}\\Y_{0l}\\Z_{0l}\end{pmatrix}+s_l\boldsymbol{R}_l\begin{pmatrix}x_l-x_{0l}\\y_l-y_{0l}\\-c_l\end{pmatrix}\tag{5-12}$$

$$\begin{pmatrix}X\\Y\\Z\end{pmatrix}=\begin{pmatrix}X_{0r}\\Y_{0r}\\Z_{0r}\end{pmatrix}+s_r\boldsymbol{R}_r\begin{pmatrix}x_r-x_{0r}\\y_r-y_{0r}\\-c_r\end{pmatrix}\tag{5-13}$$

（二）非理想情况下的三角测量模型

理想情况下，两幅（或以上）图像中对应像点的投影射线应交于一点（空间特征点）。由于相机的内参数、特征点图像坐标及两相机间相对方位的确定都是非理想的，存在误差，像点投影射线不能在物空间中精确相交（严格交于一点），如图 5-9 所示，空间点坐标的求解转变成最优化问题。

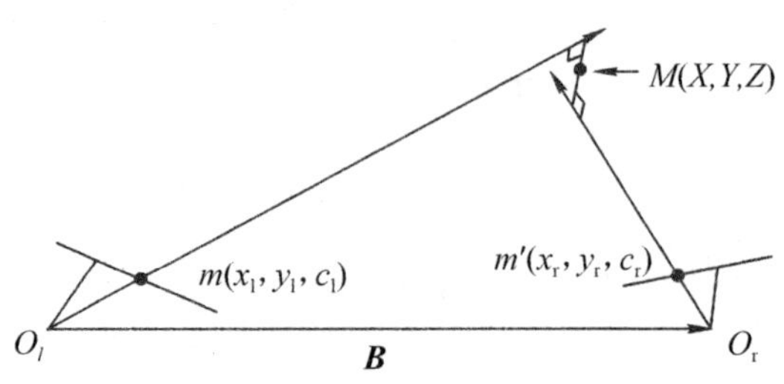

图 5-9　空间交会示意图

求解方法通常有线性方法和非线性方法两种。Richard Hartley 提出线性三角测量算法：已知两相机相对于世界坐标系的投影矩阵（$\boldsymbol{P}$，$\boldsymbol{P}'$）及空间特征点在两幅图像中的对应像点坐标（$\boldsymbol{u}=(u, v, 1)^{\mathrm{T}}$，$\boldsymbol{u}'=(u', v', 1)^{\mathrm{T}}$），根据透视投影关系可以得到关于空间特征点（$\boldsymbol{X}=(X, Y, Z)^{\mathrm{T}}$）的 4 个线性方程 $\boldsymbol{AX}=0$，利用奇异值分解法或最小二乘法求解。

线性算法中由于优化目标函数 $||\boldsymbol{AX}||$ 没有几何意义，求解精度不高，通常选择具有几何意义的目标函数，采用迭代算法求解。一种方法是将图像观测值与空间特征点反推投影之间的距离作为最优化误差函数，利用奇异值分解法或最小二乘法等迭代方法求解。迭代方法需要选择合适的初值，由于特征点的空间坐标未知，需要利用理想三角测量方法确定。张正友等提出直接利用基础矩阵自校准过程中获得的双相机相互方位（R，T）和特征像点对（$\boldsymbol{u}$，$\boldsymbol{u}'$）确定初值（$\boldsymbol{X}$）。

另一种方法是将图像观测值到外极线的距离作为优化误差函数。由 Richard Hartley 提出：三角测量中两投影射线在空间中不相交是由量化误差和图像特征点定位误差等引起，解决问题的关键是如何修正特征点图像观测值的误差。

根据外极线理论，特征像点应位于对应的外极线上，目标是寻找满足 $\boldsymbol{u}'^{\mathrm{T}}\boldsymbol{F}\hat{\boldsymbol{u}}=0$ 且最接近图像观测值（$\boldsymbol{u}\leftrightarrow\boldsymbol{u}'$）的图像点对。优化误差函数为

$$d(\boldsymbol{u}, \hat{\boldsymbol{u}})^2 + d(\boldsymbol{u}', \hat{\boldsymbol{u}}')^2 \text{ 对应 } \hat{u}'^{\mathrm{T}}\boldsymbol{F}\hat{\boldsymbol{u}}=0 \tag{5-14}$$

式（5-14）中图像观测值与估计值之间的最小距离是图像观测值到外极线（分别用 λ 和 λ' 表示）的垂直距离，垂直线与外极线的相交点就是求解的点。将式（5-14）改写为

$$d(\boldsymbol{u}, \lambda)^2 + d(\boldsymbol{u}', \lambda')^2 \tag{5-15}$$

利用解得的点对 $\hat{u}\leftrightarrow\hat{u}'$，根据常规三角测量方法计算特征点的三维空间坐标。

需要指出的是，空间特征点三维坐标求解的另一种常用方法是利用估计点到投影射线的距离平方和最小作为优化目标。

二、空间特征点反推投影

反推投影是指已知空间特征点的三维坐标，根据相机内、外参数解算特征点在像面上投影点坐标的过程，是特征点三维坐标求解的逆过程。数字视觉精密测量中，优化平差算法的非线性迭代过程选择特征像点像面坐标误差作为目标函数，需要反复应用反推投影。

反推投影的数学描述是具有外部方位（原点坐标（X_0，Y_0，Z_0）和旋转矩阵 $\boldsymbol{R}$）的透视投影方程，空间点（X，Y，Z）的投影射线在相机空间的向量为

$$r = \boldsymbol{R}^{\mathrm{T}}\begin{pmatrix} X - X_0 \\ Y - Y_0 \\ Z - Z_0 \end{pmatrix} \tag{5-16}$$

$\boldsymbol{R}$ 为正交矩阵，逆矩阵等于转置矩阵。向量 r 乘以比例因子变换为

$$\boldsymbol{r} = \begin{pmatrix} r_x \\ r_y \\ r_z \end{pmatrix} \Rightarrow \boldsymbol{v} = \begin{pmatrix} x \\ y \\ -c \end{pmatrix} \tag{5-17}$$

即空间点在相机空间内的向量。

由成像原理可知，空间特征点处于相机的正半空间内，r_z 始终为正，则投影像点像面坐标为

$$\begin{pmatrix} x \\ y \end{pmatrix} = \frac{-c}{r_z}\begin{pmatrix} r_x \\ r_y \end{pmatrix} \tag{5-18}$$

上述计算中没有考虑透镜畸变因素，投影像点与测量像点进行比较时，必须进行畸变校正。

第三节　立体视觉测量与立体匹配技术

一、立体视觉测流量

立体视觉测量基于立体视差原理建立，利用空间相互关系已知的多个摄像

机获取同一被测场景的图像，解算被测物体的三维几何信息。立体视觉包括双目立体视觉、三目立体视觉和多目立体视觉，其中双目立体视觉是最简单的立体视觉测量模型，三目立体视觉和多目立体视觉可以看成是双目立体视觉的扩展，能够以双目立体视觉模型为基础建立。

（一）双目立体视觉测量模型

双目立体视觉模仿人类双眼获取三维信息，由两个摄像机组成，如图 5-10 所示。两个摄像机与被测物体在空间形成三角关系，利用空间点在两摄像机像平面上成像点坐标求取空间点的三维坐标。设 $O_{c1}X_{c1}Y_{c1}Z_{c1}$ 为摄像机 1 坐标系，有效焦距为 c_1，像平面坐标系为 $O_1x_1y_1$；$O_{c2}X_{c2}Y_{c2}Z_{c2}$ 为摄像机 2 坐标系，有效焦距为 c_2，像平面坐标系为 $O_2x_2y_2$，将摄像机 1 坐标系作为双目视觉传感器坐标系 $O_sX_sY_sZ_s$ 。

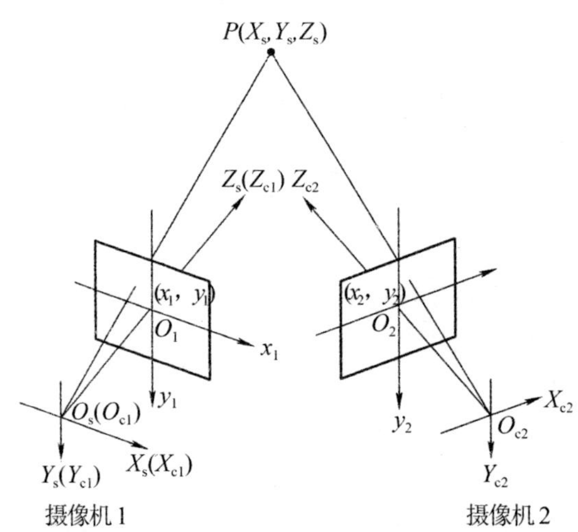

图 5-10　双目立体视觉测量模型

两摄像机之间的空间位置关系为

$$\begin{pmatrix} X_{c2} \\ Y_{c2} \\ Z_{c2} \\ 1 \end{pmatrix} = \begin{pmatrix} r_{11} & r_{12} & r_{13} & t_1 \\ r_{21} & r_{22} & r_{23} & t_2 \\ r_{31} & r_{32} & r_{33} & t_3 \\ 0 & 0 & 0 & 1 \end{pmatrix} \begin{pmatrix} X_{c1} \\ Y_{c1} \\ Z_{c1} \\ 1 \end{pmatrix} \tag{5-19}$$

式中：$\boldsymbol{R}=\begin{pmatrix} r_{11} & r_{12} & r_{13} \\ r_{21} & r_{22} & r_{23} \\ r_{31} & r_{32} & r_{33} \end{pmatrix}$，表示摄像机坐标系 2 到摄像机坐标系 1 的旋转矩阵；$\boldsymbol{T}=(t_1 \quad t_2 \quad t_3)^{\mathrm{T}}$，表示摄像机坐标系 2 到摄像机坐标系 1 的平移矩阵。

根据摄像机透视变换模型，在传感器坐标系下表示的空间被测点与两摄像机像面点之间的对应变换关系是

$$\rho_1\begin{pmatrix} x_1 \\ y_1 \\ 1 \end{pmatrix}=\begin{pmatrix} c_1 & 0 & 0 & 0 \\ 0 & c_1 & 0 & 0 \\ 0 & 0 & 1 & 0 \end{pmatrix}\begin{pmatrix} X_{\mathrm{s}} \\ Y_{\mathrm{s}} \\ Z_{\mathrm{s}} \\ 1 \end{pmatrix} \tag{5-20}$$

$$\rho_2\begin{pmatrix} x_2 \\ y_2 \\ 1 \end{pmatrix}=\begin{pmatrix} c_2r_{11} & c_2r_{12} & c_2r_{13} & c_2t_1 \\ c_2r_{21} & c_2r_{22} & c_2r_{23} & c_2t_2 \\ r_{31} & r_{32} & r_{33} & t_3 \end{pmatrix}\begin{pmatrix} X_{\mathrm{s}} \\ Y_{\mathrm{s}} \\ Z_{\mathrm{s}} \\ 1 \end{pmatrix} \tag{5-21}$$

空间被测点的三维坐标：

$$\begin{cases} X_{\mathrm{s}}=Z_{\mathrm{s}}x_1/c_1 \\ Y_{\mathrm{s}}=Z_{\mathrm{s}}y_1/c_1 \\ Z_{\mathrm{s}}=\dfrac{c_1(c_2t_1-x_2t_3)}{x_2(r_{31}x_1+r_{32}y_1+c_1r_{33})-c_2(r_{11}x_1+r_{12}y_1+c_1r_{13})} \\ \quad=\dfrac{c_1(c_2t_2-y_2t_3)}{y_2(r_{31}x_1+r_{32}y_1+c_1r_{33})-c_2(r_{21}x_1+r_{22}y_1+c_1r_{23})} \end{cases} \tag{5-22}$$

式（5-22）便是双目立体视觉模型的数学描述，如果旋转矩阵 $\boldsymbol{R}$ 和平移矩阵 $\boldsymbol{T}$ 已知，通过两摄像机像面点坐标（x_1，y_1）和（x_2，y_2）即可求解空间点的三维坐标（X_{s}，Y_{s}，Z_{s}）。

上述讨论表明：双目立体视觉测量方法通过增加一个测量摄像机提供补充约束条件，利用预先标定技术获取两摄像机坐标系间的相互关系，消除从二维图像空间到三维空间映射的多义性。

（二）双目立体视觉传感器标定方法

由双目立体视觉测量模型可知，测量前需要预先标定两摄像机的内参数和两摄像机间的旋转矩阵 $\boldsymbol{R}$ 和平移矩阵 $\boldsymbol{T}$，摄像机标定在本章第一节已经进行过详细讨论，这里着重讨论在已知摄像机内参数的情况下，两摄像机间旋转矩

阵 $\boldsymbol{R}$ 和平移矩阵 $\boldsymbol{T}$ 的标定方法。

通常采用三维精密靶标或三维控制场实现传感器结构参数的标定。采用三维精密靶标和三维精密控制场的原理相同，在两摄像机的公共视场中设置控制点，利用外部三维坐标测量装置测量控制点三维坐标或者给定基准距离长度，代入双目立体视觉模型求解传感器结构参数。

由式（5-22）得到下述关系式：

$$(c_2t_1 - x_2t_3)(r_{21}x_1 + r_{22}y_1 + c_1r_{23}) - (c_2t_2 - y_2t_3)(r_{11}x_1 + r_{12}y_1 + c_1r_{13}) = (y_2t_1 - x_2t_2)(r_{31}x_1 + r_{32}y_1 + c_1r_{33}) \tag{5-23}$$

式（2-23）是一个含有12个未知数（$r_{11} \sim r_{13}$ 和 $t_1 \sim t_3$）的非线性方程。$t_1 \sim t_3$ 具有齐次性，设 $\boldsymbol{T}' = \alpha\boldsymbol{T}$，根据坐标系的选择方法可知，$t_1 \neq 0$，令 $\alpha = 1/t_1$，有 $\boldsymbol{T}' = (1 \quad t'_2 \quad t'_3)^{\mathrm{T}}$，式（5-23）转化为含有11个未知数的方程，用函数 $f(x) = 0$ 来表示。其中，

$$x = (t'_2,\ t'_3,\ r_{11},\ r_{12},\ r_{13},\ r_{21},\ r_{22},\ r_{23},\ r_{31},\ r_{32},\ r_{33})$$

由 $r_{11} \sim r_{33}$ 构成的旋转矩阵 $\boldsymbol{R}$ 具有正交性，满足6个正交约束方程：

$$\begin{cases} h_1(\boldsymbol{x}) = r_{11}^2 + r_{21}^2 + r_{31}^2 - 1 = 0 \\ h_2(\boldsymbol{x}) = r_{12}^2 + r_{22}^2 + r_{32}^2 - 1 = 0 \\ h_3(\boldsymbol{x}) = r_{13}^2 + r_{23}^2 + r_{33}^2 - 1 = 0 \\ h_4(\boldsymbol{x}) = r_{11}r_{12} + r_{21}r_{22} + r_{31}r_{32} = 0 \\ h_5(\boldsymbol{x}) = r_{11}r_{13} + r_{21}r_{23} + r_{31}r_{33} = 0 \\ h_6(\boldsymbol{x}) = r_{12}r_{13} + r_{22}r_{23} + r_{32}r_{33} = 0 \end{cases} \tag{5-24}$$

联合式（5-23）和式（5-24）可以构造无约束最优目标函数：

$$F(\boldsymbol{x}) = \sum_{i=1}^{n} f_i^2(x) + M\sum_{i=1}^{6} h_i^2(x) = \min \tag{5-25}$$

式中：M 为罚因子；n 为设置的控制点数。可以看出，方程含有5个独立变量，当 $n \geqslant 5$ 时，即可利用数学优化方法求解 $\boldsymbol{x}$。

由于控制点间的精确距离已知，由两个控制点间的距离能够求解比例因子 α。设某两个控制点 i、j 的距离为

$$D_{ij}^2 = (X_i - X_j)^2 + (Y_i - Y_j)^2 + (Z_i - Z_j)^2 \tag{5-26}$$

控制点 i、j 在含有比例因子的传感器坐标空间距离 D'^2_{ij} 与 D_{ij}^2 满足下式：

$$D'^2_{ij} = (X'_i - X'_j)^2 + (Y'_i - Y'_j)^2 + (Z'_i - Z'_j)^2 = \alpha^2 D_{ij}^2 \tag{5-27}$$

根据 D'^2_{ij} 与 D_{ij} 求解比例因子 α，由 α 能够得到最优的旋转矩阵 $\boldsymbol{R}$ 和平移

矩阵 $\boldsymbol{T}$，完成传感器结构参数的标定，也可以在控制点空间坐标未知的情况下，仅利用定点交会约定条件进行标定。

根据具体应用的需要，在双目立体视觉的基础上扩展，利用3个或3个以上摄像机组成三目立体视觉或多目立体视觉测量系统。在多目立体视觉中，按照双目立体视觉的标定方法精确标定出每两个摄像机之间的转换关系（$\boldsymbol{R}$ 和 $\boldsymbol{T}$），在所有摄像机间建立起一条转换关系传递链。测量时，使用视角合适的任意两个摄像机或多个摄像机采集测量图像，利用双目立体视觉测量模型求解被测物精确的空间三维几何信息。

二、立体匹配技术

（一）概述

1. 图像立体匹配定义

图像立体匹配是指通过不同摄像机在不同角度和环境下拍摄的场景图像进行比较并找到最优的空间几何对应关系。立体匹配是立体视觉中的重要步骤，其难点在于如何从同一场景的图像对中寻找对应匹配点。立体匹配的本质就是给定一幅图像中的一点，寻找另一幅图像中的对应点，使得这两点为空间同一物体点的投影，进而可以求出二者视差，用以恢复图像的深度信息，并可以进一步求得某些特征的空间坐标以及由稀疏的三维数据恢复整个曲面。

2. 图像立体匹配的构成要素

图像立体匹配是由通常由特征空间、搜索空间、搜索策略、相似性度量四个因素构成。特征空间是指从图像中提取出的特征集合，是图像匹配的依据；搜索空间包含了基准图像和待匹配图像之间所有可能的空间几何变换组合；搜索策略则是从搜索空间中寻找最优空间变换模型的过程；相似性度量则是对匹配效果的空间几何变换模型的度量值。

各种匹配方法都是上述四种因素的不同选择的组合，这四种构成要素相辅相成的同时也相互制约。在实际操作中，为了设计一种图像匹配的最优方法，首先要了解匹配图像的应用背景和匹配图像间的畸变类型，并根据需要的性能要求选择特征空间和搜索空间，最后可以通过搜索策略与相似性度量计算出最优空间几何变换模型及其参数值。

（二）立体匹配算法

立体匹配算法由匹配基元、相似性测度函数和搜索策略三部分组成，每部分不同的选择可以组成不同的立体匹配方法。匹配基元表示用于匹配的图像信息，像素灰度值是基本的匹配基元，匹配基元还可以是图像相位、图像特征(如边缘、轮廓等)；相似性测度函数用于计算每次相似性度量的结果，不同的匹配基元类型应该选择不同的测度函数；搜索策略是如何确定所述目标在图像中的搜索区域以及搜索如何执行。

目前，图像立体匹配算法按照不同的标准可以进行多种划分：

(1) 按照约束方式。立体匹配算法可以分为局部匹配算法和全局最优算法。其中，局部匹配是将已匹配像素点的邻域进行约束的匹配方法，包括区域匹配、特征匹配和梯度法。全局最优算法则是基于能量最小化寻找全局最优视差的匹配方法。

(2) 按照匹配生成的视差图。立体匹配算法可以分为稀疏和稠密两种匹配算法。稀疏匹配算法主要是通过提取特征点的特征匹配，特征匹配通常选择图像的零点、边缘轮廓等作为匹配基元，因此得到的匹配点较稀疏。而稠密匹配算法则是通过对图像上每一个像素遍历匹配，生成稠密匹配图。

(3) 按照匹配基元。立体匹配算法可以分为基于特征的匹配算法、基于区域的匹配算法和基于相位的匹配算法。基于特征的匹配一般包括特征提取和定位、描述、匹配三个步骤，抗噪性能和准确度较高。随着应用场合对匹配点对稠密度要求越来越高，区域匹配方法应用范围更广，区域匹配是通过比较基准图像与待匹配提箱分割区域的相似性进行匹配。基于相位的匹配则是通过对带通滤波信号的相位信息进行处理从而得到像对间的视差。这里主要针对这三种算法进行分析。

1. 基于特征的匹配算法

基于特征的匹配方法将匹配的搜索范围限制在一系列稀疏的特征上。常用的匹配特征有图像中的边缘点、角点等灰度不连续点和边缘直线等。衡量两个特征是否匹配时，常常利用特征间的距离作为度量手段，具有最小距离的特征对就是最相近的特征对，也就是匹配特征。特征间的距离度量有最大最小距离、欧氏距离等。与基于区域的匹配方法不同，基于特征的匹配方法是有选择地匹配能表示景物自身特性的特征，通过更多地强调空间景物的结构信息来解决匹配歧义性问题。大多数方法都通过增加约束来减少对每一个特征可能的对应特征数量，常用的有极线约束、唯一性约束及连续性约束等。

基于特征的算法中，匹配是基于特征描述算子所检测的特征的数量和符号属性的，采用一些相似性标准获取最相似的特征，以其对应的图像元素作为匹配结果。特征描述算子中常用的一个简单的相似性标准是各属性间距离平均数的倒数，其最大值处对应匹配结果。

基于特征的立体匹配算法策略概括描述如下：

（1）输入立体图像对；

（2）提取两幅图像的特征描述算子 F 和 F'；

（3）对左图特征描述算子 F 中每一个特征 f，计算 f 与右图特征描述算子 F' 在搜索区域内所有特征之间的相似度；

（4）选择相似度取最大值时对应的特征 f' 为匹配结果；

（5）计算 f 的视差。

特征匹配在处理立体视觉问题时有很强的鲁棒性，表现在以下几个方面：①特征匹配基元包含了令人满意的统计特性以及算法编程上的灵活性。②算法的许多约束条件均能清楚地应用于数据结构，而数据结构的规则性使得特征匹配适用于硬件设计。例如，基于线段的特征匹配算法将场景模型描绘成相互联结的边缘线段，而不是区域匹配中的平面模型，因此可以很好地处理一些几何畸变问题。

2. 基于区域的匹配算法

对同一物体从不同角度得到的两幅图像在粗尺度上图像对之间的相似性程度更为接近。如果将图像对空间量化为许多图像块，任意一图像块看上去将比量化前与对应图像块更为相似。因此，基于区域的图像匹配将图像对量化为许多图像块或改变图像对的尺度大小而确定对应的区域。区域匹配以基准图的待匹配点为中心创建一个窗口，用邻域像素的灰度值分布来表征该像素，然后再对准图中寻找这么一个像素，以其为中心创建同样的一个窗口，并将其邻域像素的灰度值分布来表征它，当搜索区域中的元素使相似性准则最大化时，则认为元素是匹配的。具体描述如下：

输入两幅立体图像对 I_1 和 I_r，设 P_1 和 P_r 分别为这两幅图像中的像素点，$(2W+1)$ 为相关窗口的宽度，$R(P_1)$ 是 I_1 中与 P_1 相关的搜索区域，则 $\psi(u, v)$ 是两个像素值 u，v 的相关函数。对于 I_1 中的每一个像素，$P_1=[i, j]$，则

（1）对于每个区域 $d=[d_1, d_2]^{\mathrm{T}}$，计算

$$C(d)=\sum_{k=-w}^{w}\sum_{l=-w}^{w}\psi(I_i(i+k, j+l), I_r(i+k-d_1, j+l-d_2)) \tag{5-28}$$

（2）P_1 的视差就是在 $R(P_1)$ 中使 $C(d)$ 为最大值的矢量 d

$$\bar{d}=\arg\max_{d\in R}\{C(d)\} \tag{5-29}$$

输出结果是对应 I_l 中每一个像素点的视差的数组，即视差图。

常用的相关函数 $\psi=\psi(u, v)$ 有两种形式 $\psi(u, v)=uv$ 和 $\psi(u, v)=(u-v)^2$，前者称为交叉相关，后者称为块匹配。块匹配比交叉相关的匹配效果要好，因为它不像交叉相关那样受区域内很大或者很小的灰度值的影响。在

基于区域相关的匹配算法中，将函数 ψ 的值做成 LUT（look up table 查找表）可大大加快算法的速度。

3. 基于相位的匹配算法

基于相位的匹配方法，是利用多尺度空间频率的分析方法，提取图像不同频带的信息进行相似性度量的匹配方法。基于相位的匹配方法不是基于空间域的灰度值，而基于频率域的傅里叶分量相位一致性，方法首先要满足图像对中对应点处局部相位相等的假设。其次，根据傅里叶平移定理，得信号在空间域上的平移能够产生频率域上成比例的相位平移。

相位可以反映图像信号的结构信息，能够减小光照强度的影响，适用于阶跃型边缘和屋脊型边缘的检测，适用于并行处理，能够很好地抑制图像的高频噪声，且对几何畸变和辐射畸变有很好的抑制能力，将视差表示为用局部带通滤波器组对左右视图的滤波输出的相位差，能获得亚像素级稠密视差，但是，若局部结构相位不相等，则相位匹配算法失效，且相位匹配算法的收敛范围与带通滤波器的波长有关，相位匹配精度随视差范围增大而下降。

基于相位的立体匹配算法策略概括描述如下：

（1）输入立体图像对；

（2）由滤波器组获取图像尺度谱；

（3）选取合适的相位区域；

（4）计算理想相位差和实际相位差；

（5）构造匹配测度函数；

（6）计算对应像素点的视差值。

第四节　视觉测量中三维重建

一、概述

经过匹配之后，我们得到了空间的离散点，但是由于点与点之间的情形是未知的，更不能构成平面或曲面，为了使物体真实地显示出来，需要对这些点进行剖分，并赋予其深度信息，从而得到场景的三维重构模型。三维重建是立体视觉测量系统的最终目的，体现了其应用价值。摄像机标定角点检测，立体匹配是三维重建的前期基础工作。

基于立体视觉的三维重建是由两幅或多幅图像恢复物体三维几何形状的方

法，用于重建的图像序列是由移动的单台摄像机或处于不同视点的多台摄像机所拍摄的。摄像机通过透视变换获取了三维空间物体的二维图像，该图像中的点实际物体上的点存在着一定的对应关系。就像我们的双眼一样，两台 CCD 摄像机从不同方向对空间中的一个点进行拍摄后得到的两幅图像，然后依据对应关系向推出实际空间中点的位置坐标，这就是立体视觉三维重建的过程。

二、空间点的三维重建

基于点的三维重建是最基本的，也是最简单的。我们假定，空间任意点 P 在两个摄像机 C_1 与 C_2 上的图像点 p_1 与 p_2 已经从两个图像中分别检测出来，即已知 p_1 与 p_2 为空间同一点 P 的对应点。我们还假定，C_1 与 C_2 摄像机已标定，它们的投影矩阵分别为 M_1 与 M_2。于是有

$$Z_{c1}\begin{bmatrix} u_1 \\ v_1 \\ 1 \end{bmatrix} = \begin{bmatrix} m_{11}^1 & m_{12}^1 & m_{13}^1 & m_{14}^1 \\ m_{21}^1 & m_{22}^1 & m_{23}^1 & m_{24}^1 \\ m_{31}^1 & m_{32}^1 & m_{33}^1 & m_{34}^1 \end{bmatrix} \tag{5-30}$$

$$Z_{c2}\begin{bmatrix} u_2 \\ v_2 \\ 1 \end{bmatrix} = \begin{bmatrix} m_{11}^2 & m_{12}^2 & m_{13}^2 & m_{14}^2 \\ m_{21}^2 & m_{22}^2 & m_{23}^2 & m_{24}^2 \\ m_{31}^2 & m_{32}^2 & m_{33}^2 & m_{34}^2 \end{bmatrix} \tag{5-31}$$

式中：$(u_1, v_1, 1)$ 与 $(u_2, v_2, 1)$ 分别为 p_1 与 p_2 点在各自图像中的图像齐次坐标；$(X, Y, Z, 1)$ 为 P 点在世界坐标系下的齐次坐标；$m_{ij}^k(k=1, 2; i=1, \cdots, 3; j=1, \cdots, 4)$ 分别为 M_k 的第 i 行第 j 列元素。在式（5-30）中消去 Z_{c1} 或在式（5-31）中消去 Z_{c2}，得到关于 X，Y，Z 的四个线性方程：

$$\begin{aligned} (u_1 m_{31}^1 - m_{11}^1)X + (u_1 m_{32}^1 - m_{12}^1)Y + (u_1 m_{33}^1 - m_{13}^1)Z = m_{14}^1 - u_1 m_{34}^1 \\ (v_1 m_{31}^1 - m_{21}^1)X + (v_1 m_{32}^1 - m_{22}^1)Y + (v_1 m_{33}^1 - m_{23}^1)Z = m_{24}^1 - v_1 m_{34}^1 \end{aligned} \tag{5-32}$$

$$\begin{aligned} (u_2 m_{31}^2 - m_{11}^2)X + (u_1 m_{32}^2 - m_{12}^2)Y + (u_1 m_{33}^2 - m_{13}^2)Z = m_{14}^2 - u_2 m_{34}^2 \\ (v_2 m_{31}^2 - m_{21}^2)X + (v_2 m_{32}^2 - m_{22}^2)Y + (v_2 m_{33}^2 - m_{23}^2)Z = m_{24}^2 - v_2 m_{34}^2 \end{aligned} \tag{5-33}$$

由解析几何知，三维空间的平面方程为线性方程，两个平面方程的联立为空间直线的方程，式（5-32）（或式（5-33））的几何意义是过 O_1p_1（或 O_2p_2）的直线。由于空间点 P 是 O_1p_1 与 O_2p_2 的交点，它必然同时满足式（5-32）与式（5-33）。因此，我们可以将式（5-32）与式（5-33）联立求出 P 点的坐标 (X, Y, Z)。事实上，式（5-32）与式（5-33）为包含 (X, Y, Z) 三个变量的四个线性方程，我们只需要其中三个就可以解出 X，Y，Z。也就是说，式（5-32）与式（5-33）中，只有三个独立方程，这是因为我们已

经假设 p_1 与 p_2 为空间同一点 P 的对应点，因此已经假设了直线 O_1p_1 与直线 O_2p_2 一定相交，或者说四个方程必定有解，而且解是唯一的。在实际应用中，由于数据总是有噪声的，我们可用最小二乘法求出 X，Y，Z 。

第五节　光束平差测量

一、光束平差测量数学模型

光束平差测量是基于成像光束空间交会的几何模型建立的，以光束平差优化算法为核心。通过摄像机在测量空间不同位置建立多个测站，从不同位姿对空间被测点采集测量图像，由高精度图像处理和同名像点自动配准技术获取光束平差的迭代条件，然后通过光束平差优化算法求解出被测点精确的空间三维坐标。

光束平差优化算法是近景摄影测量中基于共线条件方程的重要解析方法，是一种严格的数据处理方法，尤其适用于测量精度要求高、视场大的情况。光束平差测量数学模式是光束平差测量研究的关键问题之一。

摄像机在不同测站下对同一点的成像光束在空间中必然相交于一点，光束平差测量正是以此为基础建立的。成像光束交会示意图如图 5-11 所示。

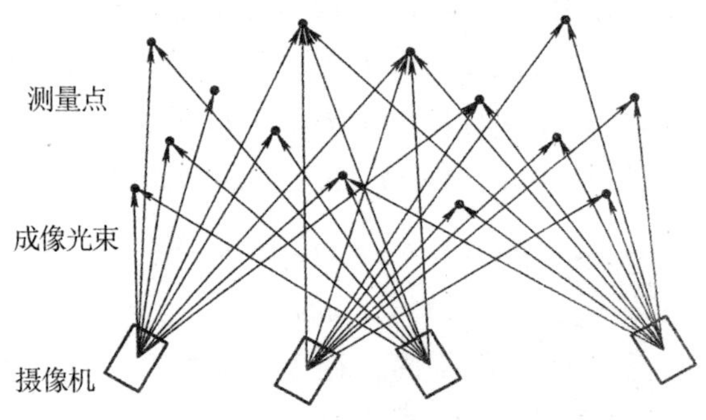

图 5-11　成像光束交会示意图

对于每个测站下，每一个被测点均满足共线条件方程，即被测点、被测点对应的像点和摄像机的投影中心三点必然在同一直线上。将所有测量点在所有测站中的共线条件方程联立，组成一个大规模的非线性方程组，将被测点在空

间各测站中的图像坐标（$x_i^{(k)}$，$y_i^{(k)}$）作为已知条件，结合摄像机的内部参数初值、各测站的位置姿态初值和被测点的三维坐标迭代初值，利用光束平差优化算法将被测点在空间的精确三维坐标解算出来。

二、平差初值的获取

在具体的解算过程中，平差初值的选取十分重要，是光束平差测量能否实现的关键。平差初值主要分为 3 种：①摄像机在各测站下的位置姿态初值；②被测点三维坐标初值；③摄像机内部参数初值。在平差优化过程中将对摄像机的内部参数和位姿参数、测点坐标同时进行优化，并最终同时得到摄像机内部参数精确值，这个过程也称为摄像机自标定过程。此时，可以依照一定的方法标定摄像机内部参数，并作为摄像机内部参数的迭代初值。如果摄像机在各测站下位置姿态初值已知，则可以利用双目立体视觉模型将被测点在空间的三维坐标初值解算出来。因此，在光束平差的 3 种初值中，摄像机在各测站下位置姿态初值的获取是最关键、最核心的问题。摄像机在各测站下位置姿态初值的获取问题称为摄像机的初始定向问题。

解决摄像机初始定向问题的方法之一是在被测场景中设置编码标志，利用相邻图像中的公共编码标志，结合对极几何约束解算出相邻图像间的基本矩阵。基本矩阵是摄像机内、外参数的综合反映，利用基本矩阵便可获得相邻测站间的转换关系。继而获得各测站间关系的转换链，将所有测站统一在某一全局坐标系下，得到各测站间的初始位置姿态，实现摄像机的初始定向。

如图 5-12 所示的是一个 10 位的环形编码标志。编码标志中心的圆称为定位圆，用于提供编码标志的位置信息；周围的环形扇形区域称为编码段，用来提供编码标志的编码值信息。每个编码标志均对应唯一的一个编码值，在测量图像中，能够通过编码标志自身的编码值实现同名编码标志的匹配。

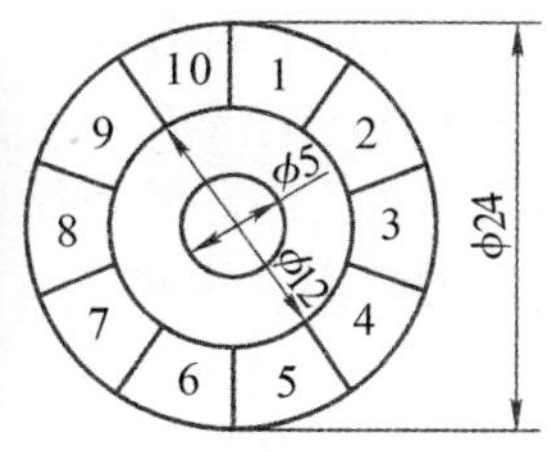

图 5-12　10 位环形编码标志

在实现同名编码标志匹配的情况下，利用对极几何约束能够求解出匹配图像对间的基本矩阵，对极几何约束关系如图 5-13 所示。

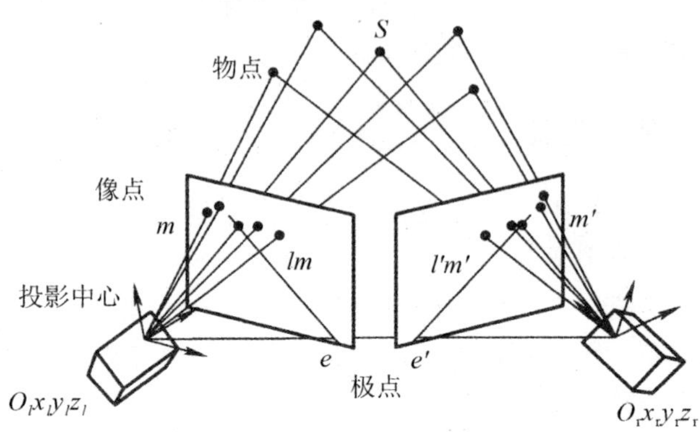

图 5-13　对极几何约束关系

物点 S 在空间两测站下成像为 m 和 m'，光学中心 O_1 和 O_r 的连线与像面的交点 e 和 e' 称为极点，由极点和像点确定的直线 lm 和 $l'm'$ 称为像点 m' 和 m 的对极线。对极几何关系的数学表达如下式所示。

$$\boldsymbol{m}'^{\mathrm{T}}\boldsymbol{F}\boldsymbol{m} = 0 \tag{5-34}$$

式中：$\boldsymbol{F}$ 是一个 3×3 的奇异矩阵，称为基本矩阵；$\boldsymbol{m}$ 和 $\boldsymbol{m}'$ 为像点的齐次坐标。

不妨设 $\boldsymbol{F}$ 为

$$\boldsymbol{F} = \begin{bmatrix} f_{11} & f_{12} & f_{13} \\ f_{21} & f_{22} & f_{23} \\ f_{31} & f_{32} & 1 \end{bmatrix} \tag{5-35}$$

编码标志的图像坐标能够通过图像处理方法获得，设编码标志的图像齐次坐标为

$$\boldsymbol{m} = (x_1 \quad y_1 \quad 1)；\ \boldsymbol{m}' = (x'_1 \quad y'_1 \quad 1)^{\mathrm{T}} \tag{5-36}$$

代入式（5-34），得到下面的方程：

$$x_1(x_2 f_{11} + y_2 f_{21} + f_{31}) + y_1(x_2 f_{12} + y_2 f_{22} + f_{32}) + (f_{13} + f_{23}) = -1 \tag{5-37}$$

方程含有 8 个未知数，因此需要保证相邻测量图像中至少含有 8 个公共的编码标志，建立线性方程组，求解该方程组，便可获得基本矩阵 $\boldsymbol{F}$ 的初始估计值。

理论上，匹配点应位于各自像面对应的极线上。以像点到各自像面对应极线的距离平方和最小作为约束条件，以 $\boldsymbol{F}$ 的初始估计值作为迭代初值，对基本矩阵进行非线性优化，能够得到基本矩阵优化估计值，优化方程如下式所示：

$$\sum_{i}^{n}\left[d\left(m_i, \boldsymbol{F}^{\mathrm{T}} m'_i\right)^2+d\left(m'_i, \boldsymbol{F}^{\mathrm{T}} m_i\right)^2\right]=\min \tag{5-38}$$

式中：$d(m_i, \boldsymbol{F}^{\mathrm{T}} m'_i)$、$d(m'_i, \boldsymbol{F}^{\mathrm{T}} m_i)$ 分别为像点 m_i、m' 到其所在像面上对应极线的距离；$\boldsymbol{F}^{\mathrm{T}} m'_i$、$\boldsymbol{F}^{\mathrm{T}} m_i$ 为对应极线的解析表达式。

由基本矩阵可以分解得到两测站间的旋转矩阵和平移矩阵，由此得到所有相邻测站间的位姿关系，进而得到各测站的位姿初值。同时，根据相邻测站间的位姿初值，也可以通过立体视觉模型解算出测点的坐标初值。

第六章　图像匹配、识别与融合

本章我们将分别介绍图像匹配 、图像识别以及图像融合的相关概念及技术。

第一节　图像匹配

一、图像匹配的概念

图像匹配最早是美国 20 世纪 70 年代从事飞行器辅助导航系统，武器投射系统的末制导等应用研究中提出的。从 80 年代以后，其应用已逐步从原来单纯的军事扩大到其他领域。随着科学技术的发展，图像匹配技术已经成为现代信息处理领域中的一项极为重要的技术，在许多领域内有着广泛而实际的应用，如模式识别、自动导航、医学诊断、计算机视觉、图像三维重构、遥感图像处理等领域。图像匹配是这些应用领域的瓶颈问题，目前很多重要的计算机视觉方面的研究都是在假设匹配问题已经得到解决的前提下开展的。因此，对图像匹配做进一步深入的研究有着非常重要的意义。

图像匹配是指通过一定的匹配算法在两幅或多幅图像之间识别同名点，如二维图像匹配中通过比较目标区和搜索区中相同大小的窗口的相关系数，取搜索区中相关系数最大所对应的窗口中心点作为同名点。其实质是在基元相似性的条件下，运用匹配准则的最佳搜索问题。

图像匹配是图像处理领域常见的基础问题，是在变换空间中寻找一种或多种变换，使来自不同时间、不同传感器或不同视角的同一场景的两幅或多幅图像在空间上一致。由于拍摄时间，角度、环境的变化、多种传感器的使用和传感器本身的缺陷，使拍摄的图像不仅受噪声的影响，而且存在严重的灰度失真和几何畸变。在这种条件下，匹配算法如何达到精度高、匹配正确率高、速度

快、鲁棒性和抗干扰性强以及并行实现成为人们追求的目标。

二、图像匹配方法

根据匹配算法的基本思想可将图像匹配方法分成两大类：基于区域的匹配方法和基于特征的匹配方法。

（一）基于区域的匹配方法

基于区域的匹配方法又称为灰度匹配，其基本思想：以统计的观点将图像看成二维信号，采用统计相关的方法寻找信号间的相关匹配。利用两个信号的相关函数，评价它们的相似性以确定同名点。灰度匹配通过利用某种相似性度量，如相关函数、协方差函数、差平方和、差绝对值和等测度极值，判定两幅图像中的对应关系。最经典的灰度匹配法是归一化的灰度匹配法，其基本原理是逐像素地把一个以一定大小的实时图像窗口的灰度矩阵，与参考图像的所有可能的窗口灰度阵列，按某种相似性度量方法进行搜索比较的匹配方法，理论上就是采用图像相关技术。

利用灰度信息匹配方法的主要缺陷是计算量太大，因为使用场合一般都有一定的速度要求，所以很少使用这些方法。现在已经提出了一些相关的快速算法，如幅度排序相关算法，FFT 相关算法和分层搜索的序列判断算法等。

（二）基于特征的匹配方法

特征匹配是指通过分别提取两个或多个图像的特征（点、线、面等特征），对特征进行参数描述，然后运用所描述的参数进行匹配的一种算法。基于特征的匹配所处理的图像一般包含的特征有颜色特征、纹理特征、形状特征、空间位置特征等。

特征匹配首先对图像进行预处理来提取其高层次的特征，然后建立两幅图像之间特征的匹配对应关系，通常使用的特征基元有点特征、边缘特征和区域特征。特征匹配需要用到如矩阵的运算、梯度的求解、傅里叶变换和泰勒展开等数学运算。常用的特征提取与匹配方法有统计方法、几何法、模型法、信号处理法、边界特征法、傅里叶形状描述法、几何参数法和形状不变矩法等。

基于图像特征的匹配方法可以克服利用图像灰度信息进行匹配的缺点，由于图像的特征点比像素点要少很多，大大减少了匹配过程的计算量；同时，特征点的匹配度量值对位置的变化比较敏感，可以大大提高匹配的精确程度；而且，特征点的提取过程可以减少噪声的影响，对灰度变化、图像形变以及遮挡等都有较好的适应能力。所以基于图像特征的匹配在实际中的应用越来越广泛，所使用的特征基元有点特征（明显点、角点、边缘点等）和边缘线段等。

基于特征的图像匹配方法主要包括三步：特征提取、特征描述和特征匹配。

1. 特征提取方法

图像匹配过程中，首先要根据给定的匹配任务和参与匹配图像的数据特性决定使用何种特征进行匹配。所选取的特征必须要显著，并且易于提取，在参考图像和待配准图像上都要有足够多的分布；另外，所选择的特征必须易于进行后续的匹配。在图像配准中常用的特征有特征点，如拐点、角点；特征线，如边缘曲线、直线段；特征面，如小面元、闭合区域等。

（1）Harris 算法是一种基于信号的点特征提取算子。这种算子受信号处理中自相关函数的启发，给出与自相关函数相联系的矩阵 $\boldsymbol{M}$ 。$\boldsymbol{M}$ 阵的特征值是自相关函数的一阶曲率，如果两个曲率值都高，则认为该点是特征点。Harris 算子计算量小，能在一定程度上抗尺度变化，当存在较大尺度缩放时稳定性较差，并且该算子对旋转，噪声敏感。

（2）SUSAN 算法用圆形模板在图像上移动，若模板内像素的灰度与模板中心像素灰度的差值小于一定阈值，则认为该点与核具有相同的灰度，由满足这样条件的像素组成的局部区域称为“USAN”。根据 USAN 的尺寸、质心和二阶矩，可检测边缘、角点等特征。SUSAN 算子可提取图像边缘和图像特征点，对明显角点提取的能力较强，较适合提取图像边缘上的拐点。SUSAN 算子提取的特征点抗图像旋转、噪声影响的效果较好。

（3）Harris-Laplace 算法首先使用尺度 Harris 角点算子在尺度空间中的每一幅二维图像中检测特征点，尺度维上获得选择大于某一阈值的局部极值作为候选角点，然后再验证这些点是否在 Laplace 算子局部极大值。如果是，则确定为特征点，并将获得极大值的点所在的尺度作为特征尺度。

2. 特征描述方法

为了便于有效地对图像进行分析和理解，需要用更为简单明确的数值、符号或图形表征给定的图像或已经分割的图像。这些数值、符号和图形是按一定的概念和公式从原图像中产生的，它反映了原图像中基本的重要信息及主要特征。这些数值、符号和图形应有利于人或机器对原图像的分析和理解，它们通常称为图像的特征，而产生这些特征的过程称为图像特征抽取，用这些特征表征图像称为图像描述。

（1）像点间的几何性质。

4 邻接：一个像素的水平和垂直方向上的自然邻点是其邻接。

8 邻接：一个像素的 8 个自然邻点都是其邻接。

4 连通：从区域上一点出发，可通过 4 个方向，即上、下、左、右移动的组合，在不越出区域的前提下，到达区域内的任意像素。

8 连通：从区域上一点出发，可通过左、右、上、下、左上、右上、左下、右下这 8 个方向的移动组合到达区域内的任意像素。

距离是像点之间很重要的一个几何量。记 p 和 q 两点间的距离为 $d(p, q)$，则 $d(p, q)$ 应满足以下条件：

$$\begin{cases} d(p, q) \geqslant 0 \\ d(p, q) = d(q, p) \\ d(p, r) \leqslant d(p, q) + d(q, r) \end{cases} \tag{6-1}$$

当且仅当 $p = q$ 时才取等号。

（2）图像的幅度及几何特征。

图像灰度的幅度特征是最基本的特征，对图像做某种正交变换，还可以得到其他物理意义上的幅度特征。

利用图像直方图，可以计算图像灰度均值、方差、偏态系数、峰态系数、能量、熵等参数。

对图像做某种正交变换，原图像可以表示成基图像的加权和。基图像的系数反映了它和原图像的相关性，系数较大的说明相关性大。傅里叶变换是最重要的正交变换，它的变换系数有一些不变的性质，在图像描述中有许多应用。

（3）边界描述。

Freeman 链码是对边界点的一种编码表示，它利用一系列特定长度和方向的直线段所连接成的序列表示一个边界。因为每个线段的长度固定而方向数目有限，所以只有边界的起点需要用绝对坐标表示，其余点都可只用接续方向代表偏移量。由于表示一个方向数比表示一个坐标值所需比特数少，而且对每一个点又只需一个方向数就可以代替两个坐标值，因此链码表达可大大减少边界表示所需的数据量。

数字图像一般是按固定间距的网格采集的，因此最简单的链码是跟踪边界并赋给每两个相邻像素的连线一个方向值。常用的有 4 方向和 8 方向链码，其方向定义分别如图 6-1（a）、（b）所示。它们的共同特点是直线段的长度固定，方向数有限。

闭合曲线的傅里叶描述：傅里叶描述可以将二维问题简化为一维问题。将 $x-y$ 平面与复平面 $u-v$ 重合，其中，实部 u 轴与 x 轴重合，虚部 v 轴与 y 轴重合，这样可用复数 $u+jv$ 的形式表示给定边界上的每个点 (x, y)。这两种表示在本质上是一致的，是点点对应的，如图 6-2 所示。

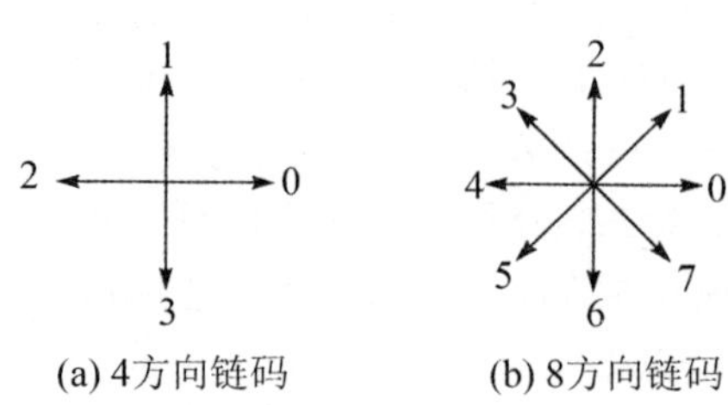

图 6-1　码值与方向对应关系

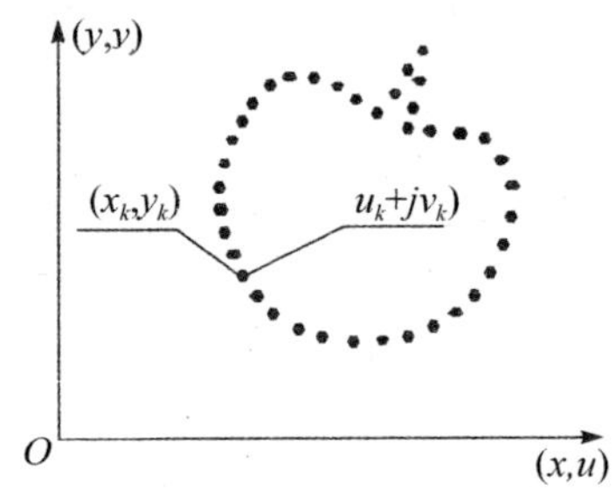

图 6-2　边界点的两种表示方法

3. 特征匹配方法

经典 SIFT 方法：建立高斯差分尺度空间 DoG，在 DoG 空间中检测出极值点作为特征点，然后用梯度方向直方图对提取出特征点进行描述，最后利用欧式距离作为度量对两幅图像中的特征点进行匹配。SIFT 算法具有平移、尺度缩放、旋转不变性，同时对光照变化、仿射及投影变换也有一定不变性。

第二节　图像识别

一、图像识别问题及分类

图像识别是近 20 年来发展起来的一门新型技术科学，它以研究某些对象或过程（统称图像）的分类与描述为主要内容。图像的含义十分广泛，其原义是指各种图片（图画、影像包括浓淡、色彩），后来人们把声音图也归属于图像，称为声音图像等。具体地，它可以是各种物体的黑白或彩色国画、手写

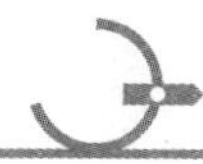

字符、遥感图片、声波信号、X 射线透视胶片、指纹图案、空间物体等。

什么是图像识别问题呢？

图像识别研究的领域十分广泛，它可以是机械加工中零部件的识别、分类；可以是从遥感图片中辨别农作物、森林、湖泊和军事设施，以及判定农作物的长势，预测收获量等；可以是根据气象观测数据或气象卫星照片准确预报天气；根据石油勘探中的人工地层波提供有油的岩层结构；在高能物理实验中怎样识别粒子径迹；医学诊断中怎样从 X 射线照片判断是否发生肿瘤；从心电图的波形判断被检查者是否患有心脏病，邮政系统中自动分拣信函；在繁华宽阔的交通中心实现交通管制、识别违章行驶的汽车及司机；以及机场上空的空中交通管理等。上述这些都是图像识别研究的课题。

它看上去五花八门，种类繁多，但总体研究的问题主要是分类问题。其研究的对象基本上可概括为两个类型：一个是有直觉形象的——图片、相片、图案、文字图像等；另一个是无直觉形象而只有数据或信号的波形——语言、声音、心电图、地震波等。但对于图像识别，无论是数据、信号或平面图形甚至物体都是除掉它们各不相同的物理内容，考虑对它们进行“分类”这一点共性来研究的。针对这一共性，以统一的观点，把同一种共性者归为一类；另一种共性者归为另一类。如文字识别中 10 个阿拉伯数字就需分为 10 类；26 个英文字母就要分成 26 类，几千个汉字就要分为几千类；肺部 X 射线照片可能要区别出正常和异常两类；工件表面的检查要分出正品和废品；对简单物体识别要分辨是立方体、圆球体或锥形体等；以及工厂产品的分类等。至于类别的划分，大致有两种情况：一种是把对象特性以及对象所属的类别都进行说明，这样的过程一般是用机器实现的，称为学习过程，然后对于一个新的对象，分析它的特性，决定它属于哪一类。例如，上述阿拉伯数字的判别，就是具有 10 类的分类问题。至于对工件合格与否的识别，那就成为判别“正品”与“废品”的两类分类问题。另外一种分类的情况称为聚合，就是只告诉若干对象和它们的特性，根据某种判据把特性相同的归为一类，而事先往往并不知道究竟分成多少类。

简言之，图像识别问题在工程上就是分类问题，而很多分类问题单凭人类器官是无法进行的，如染色体的分类、精密加工零件表面光洁度的检验及分类、形状识别等，它们必须依赖机器。

二、图像识别方法及系统的组成

图像识别方法较多，大体上可以归纳为两类方法：统计方法（数学方法）和语言（或结构）学方法，亦称句法结构识别方法。前者以数学上决策理论为基础，根据这种理论建立了统计学识别模型。其基本模型是对研究的图像进行大量统计分析，找出规律性认识。抽出反映图像个质特点的特征进行识别。在这种方法中，大量工作是如何抽取图像的特征或决定统计参数，即所谓参数法。另外，还有非参数决策法，如近邻法则，它是一种绕过概率的估计而直接近行决策的方法。对于特征抽取，必须把图像的大量原始信息缩减为少数的特征，如采用方差分布、特征向量法等。对文字、符号等可只抽取几何形状特征，对声波信号可抽取频谱特征。为了抽取特征，有时要对原始图像信息进行各种变换，空间投影，把多维的图像点简化到几个坐标分量上。

例如，在高空用多波段遥感仪得到的遥感照片，具有大量的图像数据，为了进行识别，可先将其划分成若干小的集群，将性质相近的数据点划为一个集群，进行聚合分析。如利用梯度法反复迭代计算，可把数据点的距离小于某一数值的点合并在一起。从而大大减少信息量，只需研究这些集群的性质就够了，这就是集群分析。

基于统计方法的图像识别系统主要由四个部分组成：数据获取、预处理、特征提取和选择以及分类决策。

下面简单地对这几个部分进行说明。

（一）数据获取

为了使计算机能够对各种现象进行分类识别，要用计算机可以运算的符号表示所研究的对象。通常输入对象的信息有下列三种类型。

（1）二维图像。如文字、指纹、地图、照片这类对象。

（2）一维波形。如脑电图、心电图、机械震动波形等。

（3）物理参量和逻辑量。前者如在疾病诊断中患者的体温及各种化验数据等；后者对某参量正常与否的判断或对症状有无的描述，如疼与不疼，可用逻辑值即 0 和 1 表示。在引入模糊逻辑的系统中，这些值还可以包括模糊逻辑值，如很大、大、比较大等。

通过测量、采样和量化，可以用矩阵或向量表示二维图像或一维波形。这就是数据获取的过程。

（二）预处理

预处理的目的就是去除噪声，加强有用的信息，并对输入测量仪器或其他因素所造成的退化现象进行复原。对于数字图像，预处理就是应用前面讲到的图像复原、增强和变换等技术对图像进行处理，提高图像的视觉效果，优化各种统计指标，为特征提取提供高质量的图像。

（三）特征提取和选择

由图像或波形所获得的数据量是相当大的。例如，一个文字图像可以有几千个数据，一个心电图波形也可以有几千个数据，一个卫星遥感图像的数据量就更大。为了有效地实现分类识别，就要对原始数据进行变换，得到最能反映分类本质的特征。这就是特征提取和选择的过程。

一般把原始数据组成的空间叫做测量空间，把分类识别赖以进行的空间叫做特征空间，通过变换，可把维数高的测量空间表示的模式变为在维数较低的特征空间中表示的模式。在特征空间中的一个模式通常也叫做一个样本，它往往可以表示为一个向量，即特征空间中的一个点。

（四）分类决策

分类决策就是在特征空间中用统计的方法把被识别的对象归为某一类别。基本做法是在样本训练集基础上确定某个判决规则，使按这种判决规则对被识别对象进行分类所造成的错误识别率最小或引起的损失最小。

第二种是句法结构识别法，它立足于分析图像的结构，一幅图像可以模仿语言构造，用一些语句表达。语句的结构总是由词、短语等组成，并按一定的语法表达出来。也就是说，语句由短语构成，而短语由单词构成，其中最基本的元素是单词。那么一些语句又怎样和图像发生联系呢？这可从图像的形成谈起，任何一幅图像，总是由一些点、直线、斜线、弧线及环等组成，剖析图像的这些基本元素，看它们按怎样的规则构成图像，这就是结构分析的课题。这些基本元素就相当于语句中的单词；那些直线、曲线的某种组合可看成短语，它们的全体按怎样的规则构成整个图像，就相当于语法规则。而对于图像识别，就相当于检查图像所代表的某一类句型，是否符合事先规定的语法。若语法正确，则识出结果。

由上述可知，这种方法主要是利用了图像结构上的相互关系。这种语言学方法起始于 20 世纪 60 年代后期，发展较晚，在实用中还有一些问题。例如，由于图像比语言要复杂得多，语言中的词是一个接一个的一串符号排列，而要让图像的基本元素也排成一串，就不容易了。因为图像的基本元素其结构关系是上下左右交叉一起的，这就需要合理选择和设计基本元素。

综上所述，两类方法各有优缺点。第一类方法很少利用图像本身的结构关系，而第二类方法则没有考虑图像在环境中所受的噪声干扰，必然使其元素或结构关系带有一定的随机性。因此，把二者结合起来，各取其长，是可取的途径。例如，研究具有随机性质的语言学模型就很有必要，而具有学习能力的语言学模型即可认为是其一例。

在图像识别技术中，从识别逻辑的观点看，亦可分为两个类型：组合式的和顺序式的。前者是把图像的特征全部抽出（或足以判别一个图像的很大一部分特征）之后再进行判断，给出结果。后者则按所抽特征的次序，每抽一次特征，都要进行一次判断（不是对整个图像），直至最终给出结果。

这类逐步判断的方式可认为是一种多阶段最优问题，动态规划法就是这类顺序识别的实例。

除了这两类识别，近年来由于模糊数学的发展，模糊数学在图像识别领域中也得到了广泛应用。有很多问题利用模糊数学的概念进行识别可以获得快速准确的结果。

三、图像识别分类器的设计

（一）分类器的基本任务及设计步骤

分类器的基本任务是应用图像的分类特征、分类运算法则对图像进行分类。下面首先介绍分类器的一般任务和设计规则，然后通过几个图像识别的例子说明这些一般规则在图像分类识别中的应用。设计分类器的主要步骤如下。

1. 确定分类识别特征

如果要建立一个识别不同种类对象的系统，首先必须确定应测量对象的哪些特性以产生描述参数。被度量的这些特殊的属性称为对象的特征，所得的参数值组成了每个对象的特征向量。适当地选择特征是很重要的，因为在识别对象时它是唯一的依据。良好的特征应具有以下四个特点：

（1）可区别性。对于不同类别的对象，它们的特征值应具有明显的差异。

（2）可靠性。对同类的对象特征值应比较相近。

（3）独立性。所用的各特征值之间应彼此统计独立。

（4）数量少。模式识别系统的复杂度随系统的维数（特征的个数）迅速增长。

尤为重要的是，用来训练分类器和测试结果的样本数量随特征值的数量呈指数关系增长。在某些情况下，甚至无法取得足够的样本训练分类器。总之，增加带噪声的特征或特征参数间相关性高，实际上会使分类器的分类能力下降，特别是在训练集大小有限的情况下。实际应用中特征提取过程往往包括：先测试一组直觉上合理的特征，然后将其减少成数目合适的最佳集。通常，符合上述要求的理想特征是不易建立的。

2. 确定分类规则，设计分类器结构

分类器的设计包括建立分类器的逻辑结构和分类规则的数学基础。通常对每一个遇到的对象。分类器计算出表示该对象与每类典型之间的相似程度，这个值是该对象特征的一个函数。用来确定该对象属于哪一类。

大多数分类器的分类规则都转换成阈值规则，将测量空间划分成互不重叠的区域。每一个类对应一个（或多个）区域。如果特征值落在某一个区域中，就将该对象归入对应的类别中。在某些情况下，某些区域对应“无法确定”一类。

3. 分类器的训练

一旦分类器的基本决策规则确定以后，需要确定划分类别的阈值。一般的做法是用一组已知的对象训练分类器，训练集是由每个类别中已被正确识别的一部分对象组成的。对这些对象进行度量，并将度量空间用决策面划分成不同的区域，使得对训练样本集的分类准确性最高。当训练分类器时，你可以使用简单的规则，如将分类错误的总量降低至最小值。如果希望某些错误分类要少于其他的错误分类，可以借助亏损函数，对不同的错误分类采用适当的加权。决策规则变成使分类器操作的整个“风险”达到最低。如果一个训练样本集代表了对象集的总体分布，那么分类器对新的对象操作的性能就和对训练样本集一样。然而，获取足够大的样本集经常是一件费力的事。为了使样本集具有代表性，它必须包括可能遇到的各种类型的对象，包括一些很少见的对象。如果样本集未包含某些不常见的对象，那么它就不具有代表性了。

4. 分类器性能的测量

分类器的准确率可以通过直接对一组已知类别对象的测试集进行分类的结果进行估计，如果该测试集大到对对象总体具有代表性并且没有错误，则所得的性能估计是很有用的。

另一种估计性能的方法是使用一组已知对象的测试集，估算每一类别中对象特征的 PDF。给出了相应的 PDF 后，就可以根据分类参数估算期望错误率了。如果 PDF 的一般形式已知，这种方法比使用数量有限或不足的测试集计算的方法要好。

（二）分类识别特征的选择

在模式识别问题中，首先面临的一个问题是，从许多可能的分类识别特征中选择一组用于分类器设计。特征选择问题一直受到研究者的关注，但是至今还没有人提出一个明确的解决方案。

如前所述，所要提取的应当是具有可区别性、可靠性、独立性好的少量特征。一般来说，人们希望如果特征是有用的，则当它们被排除在外后分类器的性能至少应下降，而实际上去掉噪声大的或相关程度高的特征反而能改善分类器的性能。因此，特征选择可以看成一个（从最差的开始）不断删去无用的特征和组合有关联的特征的过程，直至特征的数目减少至易于驾驭的程度，同时分类器的性能仍然满足要求。例如，从一个具有 M 个特征的特征集中挑选较少的 N 个特征时，要使采用这 N 个特征的分类器的性能最好。

第三节　图像融合

一、概述

（一）图像融合产生的背景和定义

近 20 年来，由于超大规模集成电路（VLSI）和超高速集成电路（VHSIC）的出现，特别是伴随着传感器性能的不断提高，面向各种复杂应用的军用和民用传感器信息系统大量涌现。在这些多传感器系统中，信息表现形式多样性，信息容量、处理速度等要求都大大超出了人脑的这些多传感器系统中，信息表现形式主信息综合能力。于是，一门称为信息融合的新技术便应运而生。多传感器信息融合（亦称多传感器数据融合）是指对来自多个传感器的信息进行多级别、多层次、多方面的处理与综合，从而获得更丰富、更精确、更可靠的有用信息。多传感器图像融合（简称图像融合），即多传感器信息融合中可视信息部分的融合，是多传感器信息融合的重要分支。它综合来自不同传感器的多源图像信息，通过对多幅图像信息的提取与综合，从而获得对同一场景/目标更准确、全面、可靠的图像描述。在图像融合的像素级融合、特征级融合和决策级融合三个级别中，像素级图像融合尽可能多地保留了场景的原始信息，提供其他融合层次所不能提供的丰富、精确、可靠的信息，有利于图像的进一步分析、处理与理解，进而提供最优的决策和识别性能。

图像融合是一个综合了传感器、图像处理和人工智能等理论的交叉研究领域，Pohl 和 Genderen 对它定义如下：“图像融合就是通过一种特定算法将两幅或多幅图像综合成为一幅新图像。”它使得新图像更加适合人的视觉感知，或者更能满足在图像处理中的特殊需要。

（二）图像融合的要求

图像融合的目标是将多源图像中各自的突出特征信息都综合到融合结果中去，以增强和优化后续的显示和处理过程。图像融合算法要能很好地整合多源图像间的冗余和互补信息利用冗余性来增强在某一源中不清晰的特性，利用互补性来弥补在某个传感器中所缺失的信息，最终使合成图像包含各原始图像的所有有用信息。概括起来，多传感器图像融合应该满足以下三个要求：

（1）包含源图像中任何重要信息，比如图像的边缘信息、形状结构、纹理细节等；

（2）舍弃影响人眼观察的不利或不一致因素，比如局部放大图像中的某些要素；

（3）尽可能实现算法的可靠性、鲁棒性、自适应性，比如克服源图像中的噪声，根据输入图像源的不同种类设置不同融合规则。

（三）图像融合的困难与挑战

由于图像传感器种类的不断发展，不同图像传感器的成像原理不同，加上不同的环响，就造成了传感器成像后的目标特征千差万别；另外，由于图像是一种特殊的信号，与其他信号不同的特殊性和复杂性。图像融合算法依然面临众多困难。

第一，图像是一个二维信号，它在存储空间和传输带宽上都有很高的要求。因此，在图像融合过程中，一方面要求获得高质量的融合结果，另一方面也要求能实时地处理大量图像数据。

第二，图像中的局部区域特征是由多个像素点在一定结构相关性上的体现。因此，图像融合算法要从人眼对图像理解的角度出发，关注像素点之间的关联性。

第三，传感器种类众多，目前融合算法应用较多的是针对不同的应用背景设计不同的融合框架，而开发出一种具有普适性的图像融合框架存在较大困难。对于新出现的传感器种类，也需要设计出新的融合算法。

最后，图像融合效果的评价问题一直没有得到很好的解决，还存在很大的困难。原因是同一融合算法，对于不同类型的图像，其融合效果不同；同一融合算法，观察者感兴趣的部分不同，则认为效果不同；不同的应用要求图像的各项参数不同，由此导致选取的融合方法不同，其效果也不同。

二、多传感器图像融合技术

（一）图像传感器

在实际应用中，由于受照明、环境条件（如噪声、云、烟雾、雨等）、目标状态（如运动、密集目标、伪装目标等）、目标位置（如远近、障碍物等）以及传感器特性等因素的影响，单一传感器所获得的图像信息不足以用来对目标或场景进行正确的检测、分析和理解，使用多传感器图像融合能有效地解决这些问题。

从多个传感器获得的图像包含了冗余和互补信息。以两个传感器为例，其信息构成示意图如图 6-3 所示。

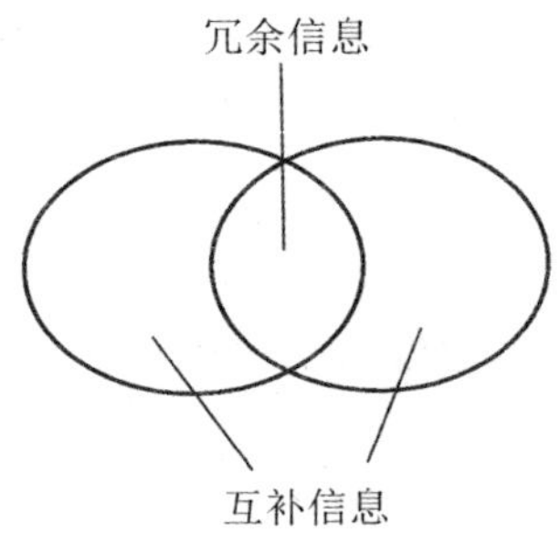

图 6-3　传感器信息构成

多传感器图像融合能充分利用冗余信息改善信噪比、提高系统的可靠性，利用不同图像的互补信息获得细节更丰富、信息更全面的融合图像，从而提高了系统的识别能力。

目前，传感器常用于军用图像传感器，除此之外，还有其他图像传感器如紫外光成像仪、X 射线成像仪、超声波成像仪等。

（二）图像融合层次

根据融合处理所处的不同阶段，图像融合处理通常可在三个不同层次上进行：像素级融合、特征级融合、决策级融合，如图 6-4 所示。

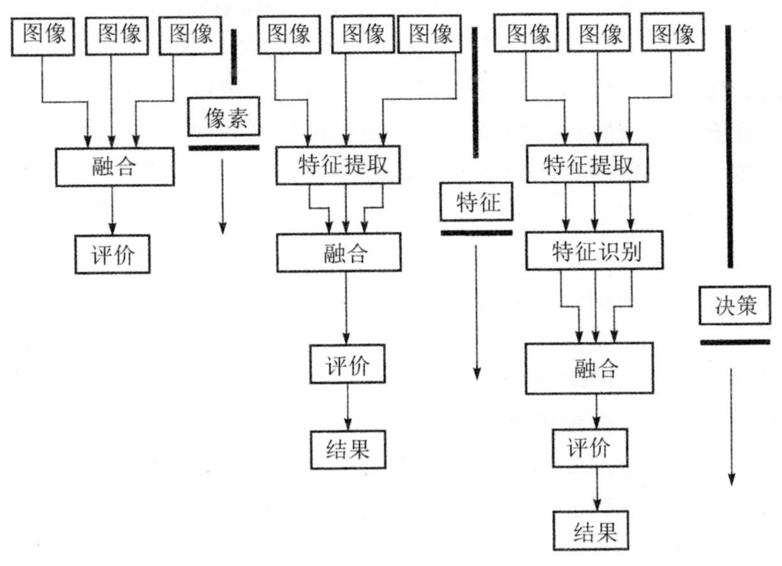

图 6-4　图像融合的不同层次

（1）像素级融合。合并关于同一目标多个传感器的图像，生成复合图像。生成的复合图像能够对目标进行更为准确、全面、可靠的描述。它是直接在原始数据层上进行的融合。有的文献中提到的图像融合往往特指像素级图像融合。

（2）特征级融合。先从原始多传感器图像中提取有用特征，然后对特征信息进行综合分析和处理。它是中间层次上的融合。典型的特征信息有线型、边缘、纹理、光谱、相似亮度区域、相似景深区域等。

（3）决策级融合。在进行融合处理前，要先对从各个传感器获得的源图像分别进行预处理、特征提取、识别或判决，建立对同一目标的初步判决结论；然后，对来自不同传感器的决策进行融合处理，最终获得联合判决，是在信息表示最高层次上进行的融合。

图像融合的三个层次不仅能够独立进行，而且它们有着密切的相关性，还可以作为一个整体同时进行分层次融合。前一级的融合结果作为后一级的输入。

三、像素级多传感器图像融合

（一）基本概念

在三个层次上的图像融合中，像素级多传感器图像融合直接在采集到的原始图像上进行，在各种传感器原始数据未经预处理前就进行数据综合与分析，是最低层次上的融合。它获取的信息量最多，检测性能最好，应用范围也最广。同时，像素级多传感器图像融合是特征级和决策级图像融合的基础。

所谓像素级多传感器图像融合是对多个传感器获取的同一地区或同一目标的图像数据采用一定的算法将各图像数据中所含的信息优势或互补性有机结合产生的新的图像数据的技术。

像素级融合即在严格的配准条件下，对各传感器的输出信号直接进行信息的综合分析。像素级图像融合是在基础层上进行的信息融合，该层次的融合准确性最高，能够提供其他层次上的融合处理所不具有的细节信息。参加融合的图像可能来自多个不同类型的图像传感器，也可能来自单一图像传感器。单一图像传感器提供的各图像可能来源于不同观测时间或空间（视角），也可能是同一时间、空间，不同光谱特性的图像。

与单一传感器获得的图像相比，通过像素级图像融合后的图像包含的信息更丰富、精确、可靠、全面，更有利于图像的进一步分析、处理与理解（如场景分析/监视、图像分割、特征提取、目标识别、图像恢复等）。像素级图像融合可以使人们对图像的观察更容易，更适合计算机检测处理，它是最重要、最根本的多传感器图像融合方法。像素级图像融合的优点就是信息丢失最少，但需要处理的信息量最大、处理速度最慢、对设备要求较高。像素级图像融合结构如图 6-5 所示。

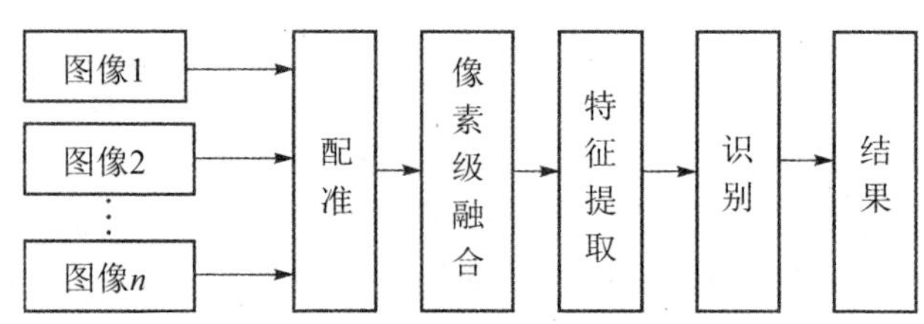

图 6-5　像素级融合示意图

像素级图像融合一般包括三个过程：首先是图像的配准，对于图像融合，最基础的一步就是要对不同的图像源实现高精度配准，它的精确与否直接关系到图像融合的质量；其次是图像融合算法的实现，根据不同传感器得到的图像特征可采用不同的融合算子；最后是融合结果的质量评价，在实际应用中，可以根据不同的目的和不同的图像源选择不同的方法。

像素级多传感器图像融合通过互补信息的有机集成，可以减少或抑制单一信息对被感知对象或环境解释中可能存在的多义性、不完整性、不确定性和误

差，最大限度地利用各种信息源提供的信息，从而大大提高在特征提取、分类、目标识别等方面的有效性。另外，利用多传感器图像的冗余信息，进一步改善信噪比、提高系统的可靠件，降低了对单个传感器的性能要求。图像融合不是简单的叠加，它产生新的包含更多有价值的信息，即达到1+1>2，甚至远大于2的效果。目前，像素级多传感器图像融合主要用于生成特征增强的、更符合人或机器视觉特性的图像。这些图像可用于人眼感知或计算机后续处理，如图像分割、目标的检测、识别与跟踪等。

（二）研究意义

随着新型传感器的不断涌现，人们获取图像的能力迅速提高，不同物理特性的传感器所产生的图像也不断增多。由于不同图像传感器获取的图像数据在几何、光谱、时间和空间分辨率等方面存在明显的局限性和差异性，所以仅利用一种图像数据难以满足实际需求。为了对观测目标有一个更全面、清晰、准确的理解和认识，人们迫切希望寻求一种综合利用各类图像数据的技术方法。因此，把不同图像数据的各自优势和互补性综合起来进行利用就显得非常重要和实用。

与单传感器图像数据相比，多传感器图像数据所提供的信息具有冗余性、互补性。多传感器图像数据的冗余性是指它们对环境或目标的表示、描述或解释的结果相同。冗余信息是一组由系统中相同或不同类型的传感器所提供的对环境中同一目标的感知数据。尽管这些数据的表达形式可能存在着差异，但通过变换，可以将它们映射到同一个数据空间。这些变换的结果反映了目标某方面的特征，合理地利用这些冗余信息，可以降低误差和减少整体决策的不确定性，提高识别率和精确度。互补性是指信息来自不同自由度且相互独立、由多个传感器提供的对同一个目标的感知数据。一般来说，这些数据无论是表现形式还是所表达的含义都存在较大差异，反映了目标的不同特性。对这些互补信息的利用可以提高系统的准确性和结果的可信度。因此把多传感器图像数据各自的优势结合起来进行利用，获得对环境或对象正确解释是十分重要的。像素级多传感器图像融合则是融合这些多种传感器信息的最有效途径之一，为多传感器图像数据的处理、分析与应用提供了新的途径，被认为是现代多传感器图像处理和分析中非常重要的一步。如何把从各种不同传感器得到的图像融合起来，以便更充分地利用这些信息成为图像处理领域重要的研究课题之一。

另外，图像的获取已从最初单一可见光传感器发展到现在的多通道光谱、红外、雷达、高光谱等多种不同传感器，相应获取的图像数据量也急剧增加。

越来越多的图像数据信息不断地困扰着研究人员，使图像数据的处理滞后于图像数据获取，成为信息处理过程中的薄弱环节。人们对图像信息的分析和利用远远落后于数据源增加的速度，直接影响到图像数据的使用效益。如何充分利用大量的多传感器图像数据成为目前人们所面临的一大难题。由于数据量庞大，人们不可能用低效率的人工作业方式处理。总之，由于人们对高质量图像的迫切需求、对海量数据实时处理的需要，以及在平台上对目标观测数据自主处理系统智能化要求，将不同类型图像数据进行融合就成为一个迫切需要解决的问题。

（三）主要应用领域

近10年来图像融合在许多领域都得到了广泛应用，包括目标或状态的监测、目标识别、目标分类、跟踪、监控和变化检测等。这些应用又可以划分为两大类：军事应用与非军事应用。

军事应用主要有如下几方面。

（1）军事目标的检测、识别与跟踪。这些军事目标包括导弹、战机、舰船、武器等空中、地面、海洋目标。

（2）战场监视。

（3）战术形势评估。

（4）夜间导航等。

非军事应用领域主要有如下几方面。

（1）智能机器人。基于视觉、触觉、力学传感器信息融合的运动控制；立体图像融合。

（2）医学图像处理。CT 图像与 MR 图像的融合；计算机辅助制导手术；三位表面的空间配准。

（3）遥感图像处理。用于不同波段的图像融合。

（4）制造业。集成电路的检测；产品表面测量与检测；无损检测；复杂设备的诊断以及：通管制、安检系统、环境监控等。

可以预见，随着传感器技术的发展以及智能传感器系统的推广应用，图像融合技术将会得到越来越广泛的应用；同时，信息融合理论与方法的不断发展和进步也必将促使图像融合在越来越多的领域发挥作用。

（四）像素级多传感器图像融合方法

对像素级多传感器图像融合方法的基本要求是融合图像尽可能多地加入图

像互补信息。

（1）模式保持。融合图像应包含各种不同源图像中所具有的有用信息；不破坏图像的色彩信息，也不能丢失图像的纹理信息，以便获得一个既有光谱信息又有空间信息的图像。

（2）最小限度地引入赝像。合成图像中应尽量少地引入人为的虚假信息或其他不相容信息，减少对于人眼以及计算机的目标识别过程的妨碍。

（3）对配准误差和噪声具有一定的鲁棒性。融合算法对配准的位置误差和噪声不应当太敏感，融合图像的噪声应降到最低程度。

（4）在某些应用场合中应考虑到算法的实时性，可进行在线处理。像素级多传感器图像融合方法有多种，可分为非基于多尺度变换的融合算法和基于多尺度变换的融合算法两大类。

1. 非基于多尺度变换的融合方法

典型的非基于多尺度变换的融合方法有加权平均方法、非线性方法、彩色映射法、最优化方法以及人工神经网络方法等。

（1）加权平均方法。

加权平均方法将源图像对应像素的灰度值进行加权平均，生成新的图像，它是最直接的融合方法。其中，平均方法是加权平均的特例，使用平均方法进行图像融合，提高了融合图像的信噪比，但削弱了图像的对比度，尤其对于只出现在其中一幅图像上的有用信号。在加权平均方法中，有的文献中采用主元素分析法确定最优加权系数，通过计算输入图像的协方差矩阵的主元素，其权重系数可以由对应的特征向量得到。这种方法的改进和其他的算术符号合并方法还有很多。

（2）非线性方法。

配准后的源图像分为低通和高通两部分。自适应地修改每一部分，然后再把它们融合成复合图像。

（3）颜色空间融合法。

颜色空间融合法的原理是利用图像数据表示成不同的颜色通道。最简单的做法是把来自不同传感器的每一个源图像分别映射到一个专门的颜色通道，合并这些通道得到一幅假彩色融合图像。该类方法的关键是如何使产生的复合图像更符合人眼的视觉特性以及获得更多的有用信息。Toet 将前视红外图像和激光夜视图像通过非线性处理映射到一个彩色空间中，增强了图像的可视性。麻省理工学院林肯实验室的研究人员使用彩色元素的生物模型融合微光夜视和热

红外图像，形成彩色融合图像。

（4）最优化方法。

最优化方法为场景建立一个先验模型，把融合任务表达成一个优化问题。它包括贝叶斯最优化方法和马尔可夫随机场方法。贝叶斯最优化方法的目标是找到使先验概率最大的融合图像。马尔可夫随机场方法把融合任务表示成适当的代价函数。该函数反映了融合的目标，模拟退火算法被用来搜索全局最优解。

（5）人工神经网络方法。

受生物界多传感器融合的启发，人工神经网络也被应用于多传感器图像融合中。目前应用于多传感器图像融合的网络有两种。

①双模态神经元网络（bimodal neurons），多层感知器（multi-layered perceptron）。Fechner 和 Godlewski 提出了基于多层感知器神经网络的图像融合方法。通过训练多层感知器识别前视红外图像中感兴趣的像素，将其融入可见光图像中。

②脉冲耦合神经网络（pulse-coupled neural networks，PCNN），Eckhorn 提出了一种基于猫的视觉原理构建的简化神经网络模型。Broussard 等借助于该网络实现图像融合提高目标的识别率，并论证了 PCNN 神经元的点火频率与图像灰度的关系，证实了 PCNN 用于图像融合的可行性。

2. 基于多尺度变换的融合方法

基于多尺度变换的图像融合算法是像素级图像融合方法中研究活跃的一类重要方法。多尺度分解把图像分解为能保持局部信息的不同尺度、不同方向的子图像系列（大多数金字塔变换例外：无方向），它们分别代表不同的特征，如边缘、零交叉、梯度、对比度等，这更能满足融合的需要。基于多尺度变换的融合算法的优点主要表现在：能提供对人眼的视觉比较敏感的强对比度信息，以及它在空间和频域的局部化能力。

概括地说，基于多尺度变换的融合方法包括三个主要步骤：①多个传感器源图像分别进行多尺度分解，得到变换域一系列子图像。②采用一定的融合规则，抽取变换域每个尺度最有效的特征，得到复合的多尺度表示。③对复合的多尺度表示进行多尺度反变换，得到融合后的图像。其流程如图 6-6 所示。

根据多尺度变换形式的不同，基于多尺度变换的图像融合算法又可分为基于图像金字塔变换的融合方法和基于小波变换的融合方法等。

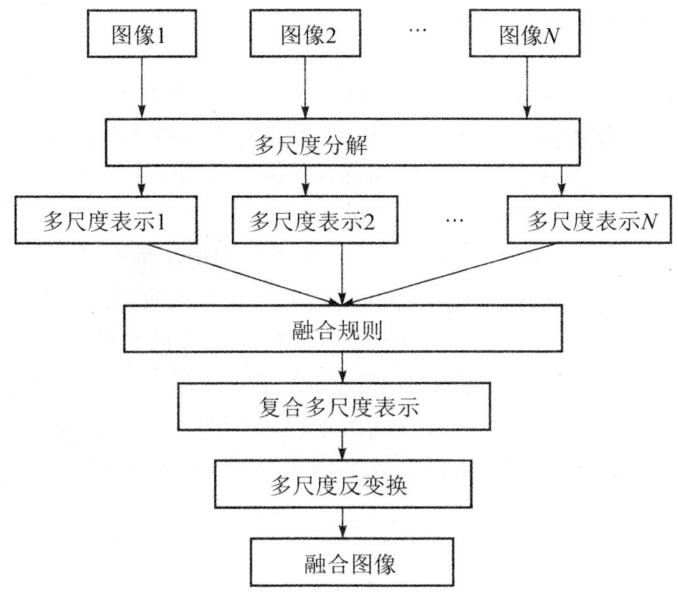

图 6-6　基于多尺度变换的融合方法的流程图

四、多聚焦图像融合

(一) 多聚焦图像融合技术

多聚焦图像融合的实质是在源图像中寻找场景中每一部分所对应的清晰区域，通过这些清晰区域得到融合图像。可见，“理想”的图像融合的目标是在不引入失真、不造成信息损失的基础上，将源图像中所有物体对应的清晰区域表现在一幅融合图像中，如图 6-7 所示。

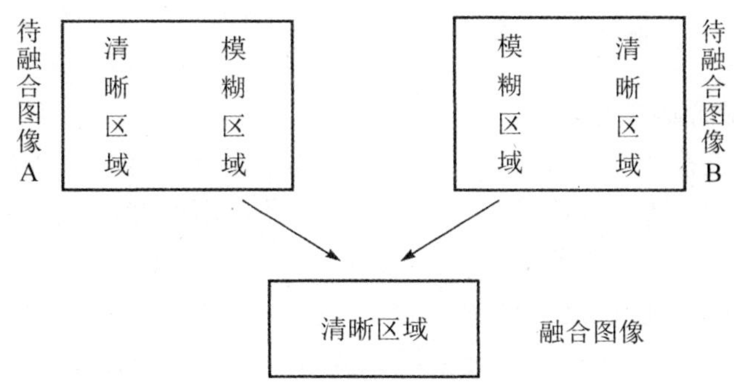

图 6-7　多聚焦图像融合示意图

（二）多聚焦图像成像特点

由于可见光成像系统的聚焦范围有限，所以除聚焦良好的物体可呈现出清晰的图像以外，该物体前后一定距离外的所有物体都将呈现不同程度的模糊。当成像系统的焦点聚集在某个物体上时，它可在像平面上形成一个清晰的像，这时，位于其他位置上的物体，在像平面上所形成的像，将呈现出不同程度的模糊，即一般的光学成像系统难以对一个场景中不同距离上的物体都形成清晰的像。

一般的光学成像系统，其系统函数是一个低通滤波器，因此模糊图像对应的系统函数的带宽更窄，图 6-8 说明了一般光学成像系统的特性，由于聚焦良好的图像对应的成像系统函数的带宽，而模糊图像对应的成像系统函数的带宽窄，所以清晰图像的高频系数要远大于模糊图像的高频系数，而清晰图像的低频系数不小于模糊图像的低频系数。当完全聚焦时，图像最清晰。

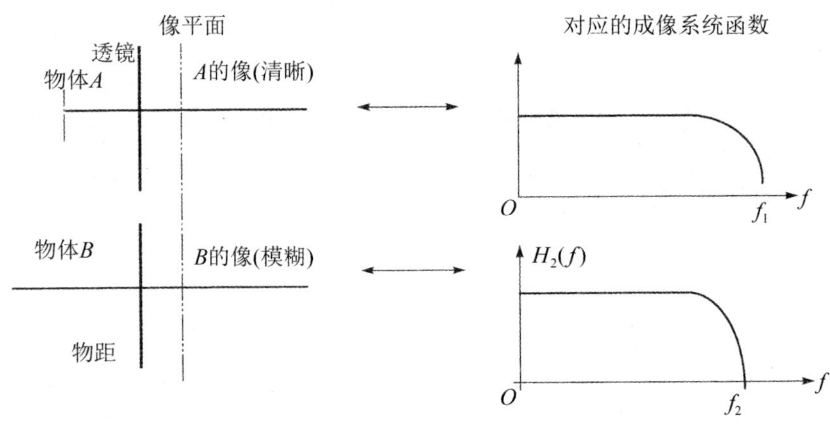

图 6-8　光学成像系统的特性

（三）基于小波变换的多聚焦图像融合

1. 图像融合典型算法

基于小波变换的图像融合，就是对参加融合的源图像分别进行小波变换，形成各自的多尺度描述，然后把小波变换后所得的子图像按照一定的融合规则进行融合处理，形成新的图像的多尺度描述，再用小波逆变换得到融合图像的过程。

图像的小波变换也是一种图像的多尺度、多分辨率的分解，可以看成特殊的图像的塔式分解，但是它与金字塔式分解不同，小波是非冗余的，图像在经过小波变换后，它的数据总量不会增大；同时，小波变换具有方向性，可以针

对不同的方向分别进行融合，因此可以获得效果更好的融合图像。

在图像融合中，小波变换将图像分解成为一系列具有不同分辨率特征、频率特征和方向特征的子带信号，同时进行时域和频域分析，而且由于对高频采取逐步精细的时域或空域步长，从而可以聚焦到分析对象的任意细节，这一特性即小波变换的“变聚焦”特性，小波变换因此称为“数字显微镜”。小波变换用于图像融合有以下优点。

（1）多分辨率分解提供了不同分辨率下图像的信息，变换后的能量大部分集中在低频部分，便于在对应分辨率下进行信息融合，并且可以根据需要有选择地增强某分辨率的图像特征。

（2）小波分解和重构算法是循环使用的，易于硬件实现。

（3）便于并行处理，并行实现。

2. 基于小波变换的多聚集图像融合原理

基于小波变换的多聚焦图像融合算法就是将源图像进行小波分解，得到一系列子图像，在变换域上进行特征选择，创建融合图像，最后通过逆变换重建融合图像。Mallat 算法的提出使小波变换能够更方便地用于图像处理。这种算法不需要知道具体的小波函数和尺度函数，通过小波系数实现快速运算。根据 Mallat 的塔式小波分解理论，若对二维图像进行 N 层的小波分解，最终将有（$3N$+1）个不同频带，其中包含 $3N$ 个高频带和 1 个低频带。小波分解的层数越高，对应层图像的尺寸将减小，因此图像小波分解的各个图像具有金字塔形结构，故可称为小波分解金字塔。图像的小波变换是一种图像的多分辨率、多尺度分解，因此可以用于图像的融合处理。

以两幅图像的融合为例，对于多幅图像的融合方法可由此类推。设 X 和 Y 为两幅待融合的原始图像，假设 X 和 Y 大小相同，并且已经过图像配准，F 为融合后的图像，那么基于小波变换的图像融合原理可用图 6–9 表示。

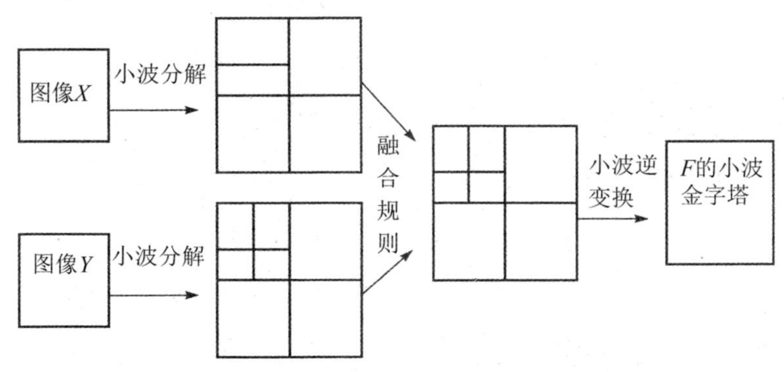

图 6–9 基于小波变换的图像融合原理

其融合的基本步骤如下。

（1）对每一幅图像分别进行二维离散小波变换，建立图像的小波金字塔。

（2）对各分解层分别进行融合处理，由于分解后的低频和高频分量所表示的意义不同，各分解层上的不同频率分量可采用不同的融合规则进行处理，最终得到融合后的小波金字塔。

（3）对融合后所得小波金字塔进行小波逆变换（即进行图像重构），所得到的重构图像即融合图像。

在图像融合中，融合规则的选取对融合的结果起着非常重要的作用，这是目前图像融合技术中的难点。根据融合对象的不同，融合规则分为低频系数融合规则和高频系数融合规则。

第七章　图像处理与视觉测量的应用

随着信息化的发展，图像处理和视觉测量广泛应用于不同的领域。下面主要从应用的角度，对图像处理与视觉测量的实际应用进行分析和阐述。

第一节　免疫细胞图像分析系统

一、概述

血液中淋巴细胞的生物活性物质可直接反映体内一些疾病（如肿瘤、肝炎等）进展的程度与免疫状况的相互关系。在背景中分布着若干个目标——椭圆状的细胞核，细胞核中包裹着核仁。细胞核仁组成银染区的程度能准确反映细胞中 rDNA 转录活性，是蛋白质合成功能的重要标志之一，其银染区的面积和积分光密度是检测细胞 rDNA 转录活性的极好指标。

传统对免疫细胞生物活性的分析是靠人眼来判读的，这种判读方式非常耗时，容易引起眼疲劳，且带有主观性，尤其对于没有经验的医师更容易引起误判。而免疫细胞图像分析系统可以解放医师的劳动，且分析具有客观可重复性，能够给社会带来巨大的财富。本节针对用特殊培养液进行培养后的人体外周血淋巴细胞图像，用图像分割算法自动提取出免疫细胞，并测量细胞核仁银染面积的相对值和积分光密度相对值，该值反映了机体免疫状态，为临床癌症的诊断、肿瘤病情的动态监测、鉴别诊断及治疗效果的评估提供一个简便可行的检测方法。

免疫细胞图像自动分析系统包含了硬件平台和软件处理模块。针对软件处理模块，其主要流程如图 7-1 所示。

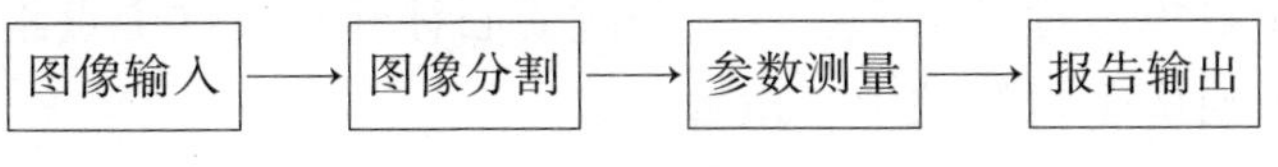

图 7-1　免疫细胞图像自动分析系统软件模块

二、图像的自动分割

在实际采集到的图像中还存在各种噪声，因此如果对一幅视野里的图像进行一次性整体分割，将会由于噪声的存在而很难得到满意的结果，自动分割也就无从谈起。为了降低分割的复杂性，实现免疫细胞图像的自动分割，可以采取分级分割的策略，即先定位找到背景中的目标，然后在细胞所在小区域内再运用具体的分割算法。总结起来，对免疫细胞图像的自动分割大致可以分为如图 7-2 所示的四个步骤。

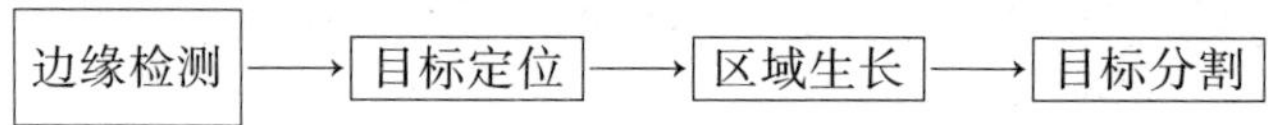

图 7-2　细胞图像自动分割流程图

步骤 1：对分割图像进行边缘检测。

步骤 2：用椭圆目标定位方法找到检测结果中每个细胞核的中心位置。

步骤 3：对于得到的每个细胞核，以中心点作为种子点，进行区域生长，用一个矩形框返回细胞核轮廓的大致位置。

步骤 4：用水域分割（Watershed）方法在该矩形框内进行图像分割。

三、目标定位

我们知道，Hough 变换是一种检测、定位直线和解析曲线的有效方法，它把二值图变换到 Hough 参数空间，在参数空间用极值点的检测来完成目标的检测。由于细胞是一种类似椭圆形的目标，此处我们采用改进的 Hough 变换来进行椭圆目标定位。

假设椭圆目标的半径小于等于 R，且其所在窗口大小为 $M \times M$，则建立一个同样大小的累加数组 T。从边缘点开始沿梯度切线方向（指向圆心）做一个有一定角度 α 并且半径大于 R 的扇形区，然后对扇形区内的点进行累加，并记录在累加数组 T 中，则 T 中对应椭圆圆心的区域就会有较高的值出现，这时只要对累加数组取阈值，大于阈值的位置就对应了目标的内部。图 7-3 说明了椭圆目标位置检测的全过程，从图中可以看出，对累加数组 T 取阈值后目标内部的一个点集被检测出来，这时通过质心计算求出这个点集的中心点，则这个中心点就对应了目标的中心位置。

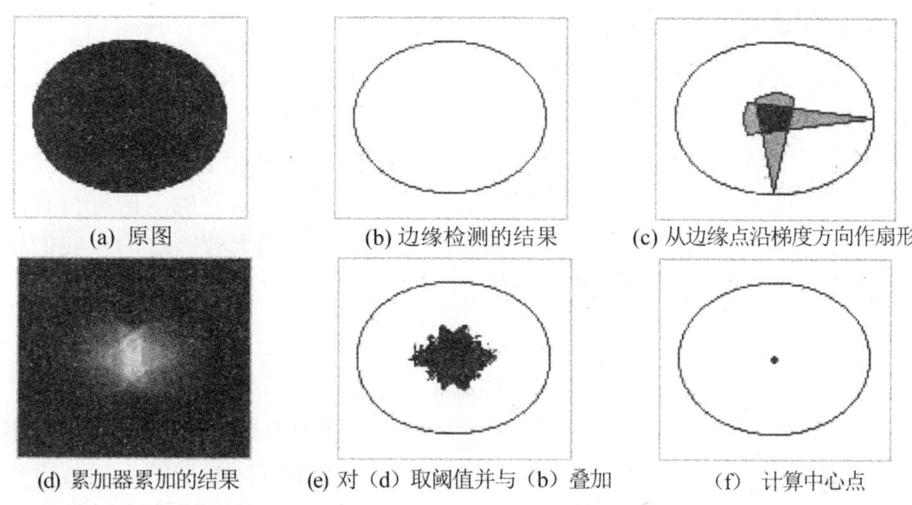

图 7-3 椭圆目标的位置检测过程示意图

图 7-4 给出了实际对免疫细胞图像进行目标定位的过程。首先对图像进行边缘检测，得到各个细胞的轮廓。将细胞的轮廓看作是椭圆目标，采用前面改进的 Hough 变换对累加数组进行累加，最后取阈值后的结果如图 7-4（c）所示。图 7-4（d）中的黑点即是最后计算出的细胞位置，从图中可以看出，由于细胞并不是规则的椭圆，最后确定的是细胞的大致位置。

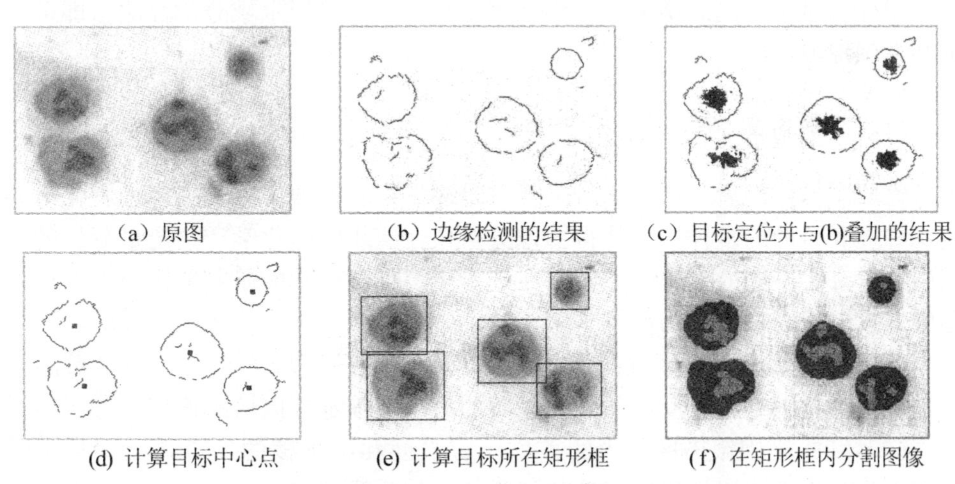

图 7-4 免疫细胞图像目标定位过程示意图

以这些细胞中心位置像素作为种子点，通过区域生长的方式即可提取出细胞目标。然而，由于区域生长算法所产生的目标边界不够光滑，且当种子点位置变化时，所提取出的目标边界也存在变化，这将导致最后分割和测量结果的不一致性。因此，我们此处只是用区域生长算法来确定出细胞图像的大致区域，如图 7-4（e）中各个矩形框标出的区域。而水域分割算法，其本质上是利用图像的区域特性来分割图像，它将边缘检测与区域生长的优点结合起来，能够得到单像素宽的、连通的、封闭的，并且位置准确的轮廓，恰好符合医学图像中对分割测量的一致性要求。因此，在细胞所在的大致区域内，我们将采用水域分割算法实现细胞图像的分割。

四、细胞提取

从上述分析中得到一个细胞的大致区域，接下来在细胞大致区域内采用基于标记的水域分割算法来实现细胞图像的分割。由于目标标记的正确与否直接影响分割结果，所以利用水域分割变换进行图像分割的关键是标记提取。另外，此处系统要求从图像中自动提取细胞并进行测量，因此需要采用自动方式对待分割图像进行标记提取。到目前为止，标记提取还没有一个统一的方法，一般依赖于图像的先验知识，如图像极值、平坦区域或纹理等。在本例中，我们采用直方图的峰值特性来进行标记提取。算法将直方图中的三个峰所对应的像素作为标记，分别对应核仁、细胞核及背景三类目标，以这些标记点作为种子，在梯度图上进行水域生长。

同样，对于分割的结果，我们在每个矩形框内采用水域分割算法，即可将细胞准确提取出来了。

五、细胞测量

完成图像分割后，接下来的工作就是测量细胞参数。由于免疫细胞化学的应用种类和目的的多样性，使得图像分析仪在组织细胞化学产物定量分析的应用中也有许多不同的形式。通常，在定量免疫细胞化学的研究工作中，人们关心的定量分析内容可分为：

（1）免疫细胞银染区域的面积大小及其细胞核区域大小的比率，目的是分析发生免疫细胞银染反应的阳性区域的大小和细胞核区域的比率。

（2）免疫细胞银染区域内的平均反应强度和细胞核的反应强度，目的是分析发生免疫细胞银染反应区域和细胞核内物质量的多少。

（3）免疫细胞银染反应综合评价指标，目的是综合分析免疫细胞银染区域和细胞核比率的大小。

在上述定量分析的内容中，使用了多种计算方法，各个计算公式得出的结果各有千秋，感兴趣的读者可以查阅相关文献，此处不详细讨论。这些公式在实际使用中，不但要针对具体的图像特点认真选择合适的算法，同时也要满足体视学的采样和测量要求。

第二节　车辆牌照字符的自动识别

一、汽车牌照图像的特点

归纳起来汽车牌照图像主要有如下特点：

（1）虽然牌照种类较多，但牌照的尺寸、字间距、字数和字体基本统一，前车牌水平排列的七个字符是等大小的（特种车辆除外），均为 45 mm 宽，90 mm高。也就是说，单个号码的宽高比为 1∶2，而对于整个车牌来说，宽度为 440 mm，高度为 140 mm，其宽高比为 3. 14。

（2）虽然汽车图像的背景很复杂，但车牌部分的图像颜色与背景一般具有明显的差异，并且字符和背景各自的灰度基本均匀。

（3）牌照文字周围有一类似于长方形的边框，其厚度不一，而且有断裂和弯曲发生，边框内部边缘信息丰富，呈现一定的纹理特征。

（4）由于拍摄角度的问题，牌照图像一般具有一定角度范围之内的倾斜。

（5）车牌字符集为有限字符集，主要包括约 50 个汉字、26 个字母（I、O 除外）和 10 个数字。

二、车辆牌照自动识别系统概述

车牌识别系统是以特定目标为对象的专用计算机视觉系统，该系统能从一幅图像中自动提取图像，自动分割字符，进而对分割出的字符图像进行识别。系统一般由硬件和软件构成。硬件设备有车体感应设备、辅助光源、摄像机、图像采集卡和计算机。软件部分是系统的核心，主要是车牌字符的识别功能软件。

如图 7-5 所示，车牌自动识别系统一般包含以下几个部分。

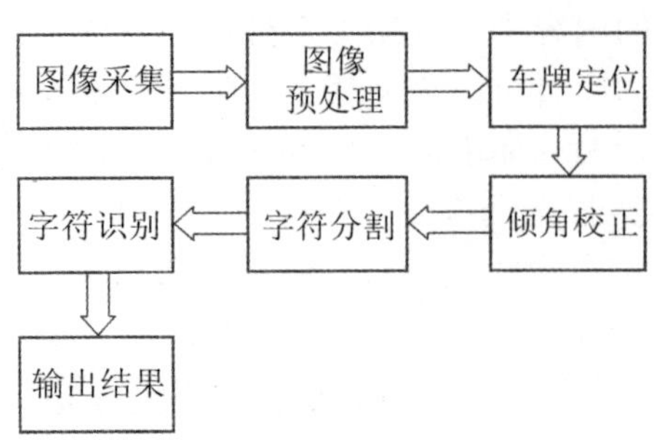

图 7-5　车牌字符识别系统流程图

（1）图像采集：当系统发现有车辆通过时（通过埋地感应圈或光束检测），触发图像采集系统，一般采用 CCD 摄像机摄取车牌前视图或后视图，由光照检测装置控制现场的光照，位置检测装置控制摄像机的拍摄角度。

（2）图像预处理：需要对采集到的图像进行图像增强、平滑、恢复等操作，目的是突出车牌的主要特征，以便更好地提取车牌。

（3）车牌定位：从人眼视觉的角度出发，并根据车牌的字符目标区域的特点，在灰度图像的基础上提取相应的特征。车牌定位是车牌识别系统中的关键和难点，实际图像中的噪声、复杂背景等干扰都会使定位十分困难。牌照的定位是一个寻找最符合牌照特征区域的过程。从本质上讲，就是一个在参量空间寻找最优定位参量的问题。

（4）倾斜校正：由于 CCD 摄像机采集汽车牌照图像时，有时候会出现采集到的车牌图像里牌照区域是倾斜的。倾斜的牌照不利于后续的字符分割与识别，严重的还可能引起牌照内容的丢失，直接导致字符识别的失败。因此，在进行字符分割与识别之前，有必要对牌照进行倾斜校正。

（5）字符分割：即对获得的牌照分离出单个字符（包括汉字、字母和数字等）以便于字符识别。

（6）字符识别：是对分割得到的字符归一化处理，进行字符识别，转换为文本存入数据库或直接显示出来。

（7）输出结果：输出识别出的字符结果。

三、车牌字符自动识别的技术难点

汽车牌照自动识别系统在实验室已经取得了令人满意的效果，而在自然环境里，由于受到天气等诸多因素的影响使识别率降低且不稳定。影响汽车牌照自动识别的因素大致归纳如下。

（一）车牌特征的多样性

由于我国车牌缺乏统一的标准，车牌的颜色、规格和适用范围各有不同，车牌样式较多，使得车牌识别过程中字符的分割难度增大。标准汽车牌照由汉字、英文字符和阿拉伯数字组成，汉字的识别与英文字符和数字的识别有很大的不同，从而增加了识别的难度。牌照的复杂性，自然引起了牌照识别的复杂性。

（二）复杂的外部环境条件

外界背景的复杂程度严重地影响着车牌的定位准确率。背景中与车牌区域特征相似大小的区域，例如与车牌字符相似的背景处的广告语或者车灯、散热器、标牌等，这些因素都影响着车牌的准确定位。此外，外界光照条件各不相同，光照对图像质量影响很大，不同的光照角度，对车牌光照的不均匀度影响也较大。此外，不同时间，不同气候条件，以及背景光、车牌反光程度决定了车牌区域的亮度特征。

（三）摄像机安装方位与性能

由于摄像机的方位和角度不一样，拍摄到的车牌图像可能会发生倾斜，从而影响到车牌字符的正确分割。牌照识别必须全天候进行，外部环境光照变化剧烈。目前采用的 CCD 摄像机动态变化范围还不够宽；在背光情况下，镜头光圈自动调节速度还不能满足要求，而且反复调节光圈，大大降低了镜头寿命；正对着强光照射时，不同类的牌照反射率不一；夜间光照度不足对于高速行驶的车辆难以拍摄到清晰图像。

（四）车辆牌照本身的状况

由于光照、色度不均的影响，牌照褪色、反光以及环境光照的不均匀，使采集到的车牌灰度图像出现不规律的灰度跳变，容易导致字符分割的不准确；车牌边框和铆钉造成的干扰，在灰度图像中，其灰度值同字符相近，宽度同字符相比拟，对字符分割的干扰程度较大。此外，车牌的安装位置不规范，以及牌照本身的污点、残缺情况也给识别带来了困难。

由上述问题可以看出我国汽车车牌识别的特殊性，采用任何一种单一识别技术均难以奏效。未来高质量的汽车牌照智能识别系统会综合利用车辆检测技术、计算机视觉技术、图像处理技术、人工智能技术等，来达到对车辆牌照的准确、高效识别。

四、车牌字符自动识别方法举例

这里以车辆图像的预处理为例来分析车牌字符的自动识别。

（一）图像的读取与灰度化

由于采集到的车辆图像一般是彩色图像，颜色种类较多，图像中除了车牌外还有车身和周围景物，其颜色可能与车牌颜色相同或相近，因而简单的基于颜色信息的方法并不一定能准确地定位车牌。其次，因为种种原因，车辆图像中的车牌可能会不同程度地偏离其本身的颜色，因此彩色图像处理起来难度较大。如果彩色图像被灰度以后，其占用的存储空间会减小，不仅方便下一步处理，并且有用信息也不会因此而减少，反而会使处理过程更加简便和省时。

由彩色图像转化为灰度图像的计算公式如下：

$$Y = 0.2989R + 0.5870G + 0.1141B \tag{7-1}$$

式中：R、G、B 分别是彩色图像中像素的红、绿、蓝分量；Y 是该像素在灰度图像中的灰度值。转换后的汽车图像灰度值的范围为 0~255。

（二）图像增强

为了提高识别率，首先对灰度图像进行开操作得到背景图像；然后将原始灰度图像与“背景图像”做相减，对图像进行增强处理。

（三）图像的二值化

车牌定位和字符分割都是基于车牌区域的二值化结果进行的，二值化的效果直接影响到车牌定位以及字符分割的准确度。这里采用 Otsu 全局动态阈值法，基本原理是取一个阈值 T，将图像像素按灰度大小分为大于等于 T 和小于 T 两类，然后求出平均方差 σ_B^2（类间方差）和两个类各自的均方差 σ_A^2（类内方差），找出使两个方差比 σ_B^2/σ_A^2 最大的阈值，作为最佳阈值对图像进行二值化。

Otsu 算法具有以下优点：实现简单；基于图像的整体特性而非局部特性；可推广到多阈值的分割方法；适应性强，不论图像的直方图有无明显的双峰，都能得到较为满意的结果。

第三节　线结构光视觉测量在轨道交通巡检中的应用

一、线结构光视觉测量原理

结构光测量是视觉测量的重要分支。结构光测量方法众多，根据光源工作模式不同，可将其划分为点结构光、线结构光、多线结构光、十字结构光、网格结构光等不同类型。在诸多模式的结构光测量中，线结构光以大量程、高精度、光条特征易提取、实时性强、灵活多变和便于主动受控等优点，被广泛应用于实时在线检测中。

（一）线结构光测量

线结构光动态测量系统主要由线结构光源及其采集处理单元构成。在采用线结构光测量技术进行物体几何信息测量之前，有必要对线结构光产生原理及工作过程做一个系统了解。

1. 线结构光产生

产生线结光的方法有许多，比较有代表性的是柱面镜与球面镜相结合的方法，其余还包括衍射法和光束转镜扫描法。采用柱面镜与球面镜相结合，其工作原理如图 7-6 所示。

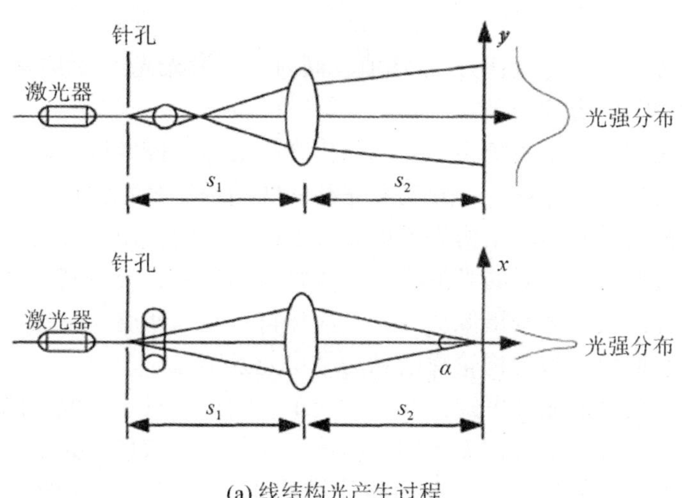

(a) 线结构光产生过程

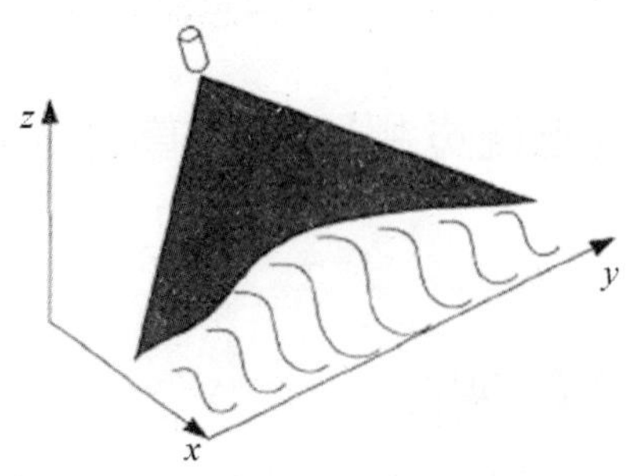

(b) 线结构光亮度分布

图 7-6　线结构光产生原理

激光光束路径经过柱面镜和球面镜后，会在一个方向发散，在另外一个方向汇聚，并在空间中投影距离 s 处聚焦，形成一条沿着 y 轴方向扩展宽度为 w 的激光光刀。一般工业应用的线结构光投射器发射的激光光刀，其截面最窄处往往能够做到 0.1 mm，并在 0.1 mm 附近保持一定的纵向工作距离。随着激光纵向投射距离加长，光刀截面亮度下降，线宽也会随距离成比例增大。

采用线结构光技术进行物体几何形貌测量，正是利用了激光方向性好、亮度高、能量集中的优点。线结构光平面与待测物体相交后，会在其表面形成一条高亮的激光轮廓曲线。

研究表明，理想条件下，激光光条截面亮度呈高斯分布，可采用式（7-2）描述。

$$F(x) = A \cdot \frac{1}{\sqrt{2\pi}\,\sigma}\exp\left[-\frac{(x-\mu)^2}{2\sigma^2}\right] \tag{7-2}$$

式（7-2）中，μ 为高斯分布均值，同时也是激光光条亮度中心。

2. 线结构光采集及处理

线结构光动态测量系统主要由线结构光投射器、摄像机、运动机构、触发单元及数据处理单元组成。一套功能完整的线结构光视觉测量系统中，摄像机主要负责图像信号采集，结构光投射器发射的光平面，用于主动照明和空间约束。线结构光投射器发射的光平面与待测物体相交后，会在其表面形成一条高亮的激光轮廓曲线。旁侧摄像机与光平面保持一定的角度，拍摄物体表面激光轮廓曲线，获取包含待测物轮廓信息的结构光条图像。

由线结构光测量原理可知，线结构光单次测量，只能获取待测物体局部的二维轮廓信息，现实中常常需要用到物体三维的几何信息。为了克服线结构光三维形貌测量不足的情况，一般会将线结构光传感器与一定的运动机构相配

合。例如，位移台、升降台或旋转台通过传感器与待测目标相对运动提供的约束信息，以及空间连续轮廓数据融合及拼接，实现待测物三维形貌重构。

触发单元主要用于控制传感器图像采集，一般与运动机构的位移及旋转信号相关联。通过位移平台固定距离或旋转平台固定角度的变化，输出光电脉冲信号，进而触发结构光和摄像机同步工作。

数据处理单元是线结构光测量系统核心部件，所有测量相关的数据运算都在该单元中完成。数据处理单元的任务主要包括采集后图像平滑、图像滤波、图像分割、光条中心提取、摄像机标定换算以及三维重建等相关工作。

（二）结构光测量模型

在线结构光视觉测量中，不同测量模型，直接决定了标定算法。根据结构光与摄像机之间关系，可将线结构光视觉测量模型划分为面-面模型和线-面模型两种，下面分别进行讨论。

1. 面-面模型

由线结构光投射器发射的光平面与被测物体相交后，形成包含物体几何信息的光条特征曲线。光条曲线位于结构光平面内，经摄像机透视变换后，形成位于像平面上的光条图像。因此，可借助摄像机像平面与测量光平面之间的关系（面—面关系），建立其数学模型。

2. 线-面模型

待测物表面光条曲线上任意特征点空间坐标，都可借助一条透过光学中心的射线和光平面表示，而光条曲线任意点的图像坐标通过图像识别即可得到。若获取光平面在摄像机坐标系中方程，则可根据特征点与摄像机光心连线直线方程以及光平面方程，准确获取光条曲线上任意特征点在摄像机坐标系中坐标。

（三）影响线结构光测量的因素

1. 结构参数对测量影响

所谓线结构光结构参数，指的是空间中构成激光三角测量原理的摄像机、结构光平面、待测目标之间相互位置关系。线结构光传感器结构参数是决定系统测量范围、测量精度的关键设计参数。

2. 摄像机参数对测量影响

通过分析摄像机参数与测量精度的关系，可以知道：

（1）线结构光视觉传感器测量分辨率同摄像机参数相关。当保持摄像机其他参数不变时，镜头焦距与分辨率成正比，镜头焦距越大，测量分辨率越高，而像素尺度因子与测量分辨率成反比，像素尺度越小，测量分辨率越高。

（2）线结构光视觉传感器中的测量分辨率与视觉传感器结构参数有关，视觉传感器结构参数越大，分辨率越低。

3. 被测物表面对测量的影响

摄像机获取的包含物体截面几何信息的结构光条曲线，常常会受测量物体型面、材料表面散射特性等因素影响。以下将从被测物体表面形状和散射特性两个方面，说明其对结构光测量的影响。

（1）待测物表面形状对测量精度影响。

待测物体表面形状不同，散射光场在空间中的分布情况也随之变化，进而使得结构光条亮度发生改变。物体表面光学散射是一个十分复杂的问题，与待测物体表面粗糙度、物体复折射率等参数息息相关。通常的工业应用中，待测物体表面都比较粗糙。这里为简化问题，通常将物体假设为朗伯表面，散射光在空间中的分布情况遵循朗伯定律。

（2）激光散斑对测量精度影响。

理想情况下，物体表面的激光光条截面内的亮度分布符合高斯分布特性。现实中，受待测物体表面粗糙度的影响，线结构光平面与待测物相交后会形成激光散斑现象。激光散斑会破坏截面内激光亮度对称分布，造成激光光条中心发生偏移或畸变，给测量结果带来误差。

为减小激光散斑对测量精度的影响，大量学者对散斑产生的机理及特性进行了深入的研究，并提出了减小激光散斑影响的不同方法，如主动破坏法、被动破坏法、改变光源法和合成孔径法，并切实提高了测量精度。

二、线结构光测量技术在轨道交通巡检中的应用

众所周知，“速度”是轨道交通发展的始终目标，而“安全”是轨道交通运输永恒的主题，也是轨道交通设计、建造、运营与维护的核心要求和最终落脚点。列车高速运行时，通过车轮—钢轨、受电弓—接触网、列车—大气隧道，构成一个复杂的耦合系统。高速行驶的列车对上述耦合系统中的基础设施提出了近乎苛刻的技术要求。高平顺性、高稳定性、高可靠性成为列车跨越广袤、复杂地域的轨道交通基础设施必须具备的终身属性，也是轨道交通运输系统长期安全、稳定、高效运行的根本保证。

作为轨道交通基础设施的钢轨、隧道、接触网，不仅要经受一切自然条件的影响，还需承载高速列车移动载荷，影响其服役安全的因素具有复杂性、随机性的典型特点。随着轨道交通朝着高速度、高密度方向发展，保障钢轨、隧道、接触网等轨道交通基础设施复杂环境条件下安全服役，其工作任务越来越

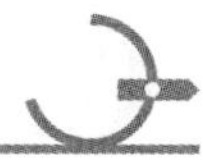

艰巨。没有现代科学维护手段，是很难确保其安全稳定运行的。

依赖传统人工巡道、人工持便携式测量仪对上述基础设施进行定点测量，不仅效率低、受人为因素影响大，而且会占用线路、干扰铁路运输，显然无法满足现代轨道交通发展的需要。如何采用现代科技手段进行轨道交通基础设施维护，成为轨道交通维护部门面临的重要难题。

运营维护经验表明，轨道交通线路几何信息是表征轨道交通安全状态最重要的基础参数。采用车载方式，基于线结构光测量技术进行轨道基础设施动态巡检，能够快速获取准确的轨道基础设施几何外形参数，并能对轨道交通基础实施服役性态进行科学评价，具有传统静态测量方式无法比拟的优势，也是解决现代轨道交通基础设施检测及维护难题的唯一途径。

（一）轨道交通基础设施巡检车

轨道交通基础设施巡检车，是用于轨道交通基础设施动态检测的专用车辆。一般来讲，轨道交通基础设施巡检车根据轨道交通维护部门巡检需求进行定制，其检测系统通常由轨道检测子系统、隧道净空检测子系统、接触网检测子系统中的单个或多个部分构成，属于多视觉传感器高精度在线测量技术在轨道交通领域的典型应用。此外，为便于检测数据指导维护，巡检车中还配有线路信息定位子系统，通过定位子系统，将巡检车动态检测数据与空间位置信息关联，从而提高故障复核及治理效率。

用于轨道交通基础设施动态巡检的检测车，根据测量对象检测特点，各子系统分别安装于车辆不同部位。车辆运行时，一系减振弹簧下方，直接面临轮轨带来的冲击，属于高频振动范畴，工作环境十分恶劣；二系减振弹簧上方车体振动频率低，振幅较大，动态测量中对测量范围要求较高。一般来讲，相同测量条件下，测量精度与测量范围是测量系统的两个矛盾方面。因此，在进行测量系统安装时，需综合考虑测量精度与测量范围因素，在车辆不同部位选择合理的位置安装。

国外经验表明，将轨道检测子系统安装在位于一系和二系减振弹簧之间的转向架构架部位，能够使测量传感器尽量避免高频振动影响，同时最大程度保证测量精度。为满足隧道净空全断面测量需要，将隧道净空检测子系统安装于车辆正前方中心部位。接触网是车顶上方露天架空布置的供电设施，因此将接触网几何参数检测子系统安装于靠近受电弓的车顶部位。除此之外，还在巡检车内部设置专用检测室，主要完成现场采集的轨道交通基础设施几何参数汇总、分析和综合处理。

由于轨道、隧道及接触网检测各子系统测试对象不同，因此构成各子系统的传感器、采集模块及处理模块具有一定差异，但其核心技术相同，都是采用线结构光视觉测量技术实现几何信息测量。

（二）轨道检测子系统

线结构光测量技术在轨道检测中有广泛的应用基础，比如钢轨表面出现的波纹磨耗（简称波磨）检测，钢轨轮廓检测，轨道几何参数（轨向、轨距、轨面扭曲）检测。在上述不同类型轨道参数检测中，以钢轨轮廓检测最为关键，其测量结果是轨道检测的基础数据，在轨道检测中起着至关重要的作用。

1. 系统构成

要实现左右股钢轨轮廓全断面测量，至少需使用 4 组线结构光视觉传感器。其中，每组线结构光视觉传感器均由 1 台摄像机和 1 台线结构光源构成。同一股钢轨，紧贴车轮轮缘的一侧称为钢轨内侧，远离车轮轮缘的另一侧称为钢轨外侧。受车底安装空间所限及视角决定，要实现钢轨轮廓全断面测量，须在同一股钢轨内外侧对称安装两组线结构光视觉传感器。安装时，须保证内外侧线结构光视觉传感器投射的结构光平面重合。

测量时，内外侧线结构光视觉传感器投射的结构光平面与钢轨相交，在钢轨表面形成一条包含钢轨轮廓信息的结构光条曲线。旁侧摄像机与结构光平面呈一定的角度拍摄钢轨结构光轮廓图像，基于激光三角测量原理，实现钢轨轮廓检测。车载动态测量中，其检测过程主要包括以下 4 个步骤：

（1）车轴转动带动光电里程计旋转输出脉冲信号，检测系统采集光电脉冲信号后，作为触发信号同时传输给用于左右股钢轨轮廓检测的 4 台摄像机，完成同一时刻钢轨结构光条图像采集。

（2）图像采集系统获取钢轨结构光条图像后，实时传输给图像处理模块，并进行相应的结构光条特征提取、光条坐标换算和重合区域坐标融合，得到完整钢轨断面轮廓数据。

（3）经过上述处理后的钢轨全断面轮廓数据，通过车载局域网络实时传输给综合处理计算机，综合处理计算机将实时获取的钢轨轮廓与标准钢轨模型进行对比和匹配。

（4）综合处理计算机结合软件中存储的线路数据库信息和光电里程计实时定位信息，将钢轨轮廓测量数据与上述空间信息相关联，形成检测数据记录，写入存储磁盘，并同时在显示器和打印机中同步显示和打印。

2. 动态测量误差补偿

轨道巡检车进行动态检测，较人工持便携式测量仪器静态检测，其最大的难点在于安装于车辆上的视觉传感器会跟随车辆一起发生随机振动。要实现钢

轨轮廓高精度动态测量，必须进行车辆振动测量误差补偿。

（三）接触网检测子系统

接触网检测子系统是轨道巡检车的重要组成部分。接触网几何参数是接触网测量子系统日常检测的关键项目，其测量参数主要包括导高和拉出值，分别指的是接触线至钢轨平面垂直距离和接触线至轨道中心的水平距离。

1. 系统构成

采用两组摄像机和线结构光源，可构建用于接触网几何参数动态测量的双目主动视觉测量系统。测量过程中，通过接触线测量特征点在两组摄像机中产生的视差，对测量视场内的特征点几何信息进行恢复和重建。

2. 动态测量试验

采用巡检车进行接触网几何参数动态测量，车辆运行时，车体在不同方向有多个自由度振动，与钢轨廓形检测类似，接触网几何参数测量也会受到车辆振动的影响。原因在于：接触网几何参数测量以轨道中心作为基准，而传感器安装在车体上，以车体作为测量基准。因此，要达到接触网几何参数精确测量目的，必须对由于车体振动带来的测量误差进行动态补偿，将接触网几何参数测量数据由车体参考基准转换到轨道中心参考基准。

基于双目主动视觉测量技术，在 Windows 平台下，采用 C++编程语言，开发接触网几何参数动态检测软件。

为进一步验证接触网几何参数检测装置测量结果准确性，在某线路区间内进行接触网几何参数动态测量试验。选取的试验线路长度 $S=1000$ m。在该线路区间内，以 $v=160$ km/h 检测速度，进行两次接触网几何参数动态重复性测量试验。同时，在该区间内进行一次人工静态测量试验。借助上述测量试验结果，验证检测系统两次动态测量数据之间的重复性偏差，以及动态测量数据与静态测量数据之间偏差，进而验证线结构光视觉测量技术在接触网几何参数检测中的有效性。

（四）隧道净空检测子系统

隧道净空检测指的是对轨道交通隧道断面几何参数进行测量。定期对隧道净空进行检测，不仅可以对线路中可能出现的异物侵限情况进行预警，同时也可对隧道基础结构累计变形进行连续在线监测，对于掌握隧道服役状态、保障轨道交通运输安全，具有重要的现实意义。

第四节 高速视觉动态测量系统关键技术的应用

一、高速视觉测量系统

（一）高速视觉测量系统组成

1. 光学照明系统

照明系统是视觉测量系统中不可或缺的一部分，测量环境照明适宜与否会直接关系到整个图像采集系统采集图像质量的好坏。摄像机其本身并不能看到物体，只能看到从物体表面反射过来的光，如果摄像机无法看到部件和标记也就无法读取和检测目标。特别对于高速摄像机，由于测量频率很高，曝光时间很短（通常只有 50 ms）如果没有合适的照明，采集后的图像将很难获取我们所需要的信息，而且不同的测量对象和测量环境其对照明系统的反馈也不尽相同，所以对于不同的测量对象和测量环境，需要选择不同的照明方式来应对以达到最佳的图像采集效果。

照明系统的光源按照入射光的方向可以分为直射光和散射光两种类型，直射光的入射光来自一个方向，其入射角小会在待测对象附近产生阴影，可能会造成亮度不均匀；而散射光则与直射光不同，由于入射方式的区别其不会产生明显的阴影，亮度相对均匀稳定。此外，光照的强度也会影响图像采集效果，主要影响摄像头的曝光，若光线不足会造成图像的对比度下降，会增加图像的噪声；而光线过强则会造成图像的饱和，也会造成照明系统本身能量的浪费和散热困难等问题。在视觉测量中，光照的均匀性也是一个很重要的衡量指标，因为照射的强度会随着距离和角度的偏离而发生改变。因此，光照系统的选择需要从光照方向、对比度、光照强度、均匀性、鲁棒性、发热量等各个方面加以考虑。

在实际测量中，一般使用自然光作为光源，这主要是因为自然光容易获得且易操作，特别是在户外远距离、复杂工况条件下结构的测量中很难使用人工光源提供照明。但是在自然光不能满足图像采集要求的情况下就需要增加额外的光源来补充光照。在所有的人工光源中，LED 灯具有颜色丰富、放光效率高、响应速度快、工作电压低、发光稳定、使用寿命长的特点，而且还能够组成不同形状的光源。

2. 图像采集系统

一般情况下光学镜头、图像传感器和图像采集卡组合在一起，组成我们所称谓的摄像机。而在视觉测量系统中由于测量对象、测量环境和需要采集的图像千变万化，所以我们无法使用单一的摄像机来完成图像采集工作，就需要不同种类的光学镜头和图像传感器、采集卡的相互搭配以获得最佳的拍摄效果。

光学镜头在摄像系统中主要担任的是成像功能，其主要是通过透镜将远处的目标聚焦到图像传感器上面。镜头选择的优劣将会直接影响成像的结果，因此在视觉测量系统中需要合理地选择光学镜头。

镜头的选择需要根据测量对象来确定，一般来说首先估计物体与光学镜头之间的距离，然后计算图像的放大倍数，再根据公式计算所需要的焦距，选择与计算值最接近的标准镜头产品。

确定光学镜头后就需要选择合适的图像采集装置来与其相匹配，图像采集装里的功能就是将经过光学镜头投影过来的图像记录并存储下来。图像采集装置主要包括图像传感器和图像采集卡，前者负责将光信号转变为电信号，后者实现对电信号的解码从而得到数字图像存储于自身的缓存空间中。图像采集完成后通过特定的计算机——采集卡接口将数字图像信号传输给计算机系统。

3. 计算机控制处理系统

计算机为整个视觉测量系统的后处理部分，是测量系统的控制中枢，其不仅需要协调各个部分工作，还接收来自图像采集装置的数据使用后处理软件实现图像的处理和分析工作。计算机系统作为人与摄像机之间的交互工具，其处理视频的速度和精度直接的影响视觉测量系统的实时性和准确性。随着处理器和内存的飞快发展，计算机系统在对图像的实时处理能力也有着质的飞越。

当然，性能越好的计算机处理视频的能力也就越强，速度也就越快。当计算机硬件性能受到瓶颈约束的时候，其关键就在于视频处理软件优劣，而软件的灵魂就是一些图像处理算法，所以算法的速度、精度以及鲁棒性将会直接影响计算机系统的处理结果。不同的算法针对不同的处理对象其性能表现相差很大，因此我们需要根据实际的测量对象结合外界环境，选择合适的算法完成目标的识别和跟踪。图像处理技术包括图像的变换、图像的降噪、特征的提取以及目标的识别。在我们的高速视觉测量系统中，最为关键的技术就是目标的识别、图像的匹配。随着数字图像技术的发展，各种新型、有效的算法能够快速地、准确地完成图像的匹配和目标的识别，为高速视觉实时测量提供了可能。

（二）视觉测量系统的标定

在视觉测量系统中，从图像的采集到计算机后处理完成目标的识别和跟踪都是在图像坐标本身的框架内完成的，也就是数字图像处理技术是实现图像平面内像素坐标系中的计算。但是，我们所关心的问题是通过视觉测量系统来完成目标真实运动的测量，也就是我们需要的是物体在世界坐标中的运动，所以我们需要建立物体表面上某点真实位置与其在图像中的位置之间的映射。根据这个映射关系就可以通过像素坐标去反推它的世界坐标，有了世界坐标的信息后我们就可以进行一系列更多的后续操作。相机的标定是建立视觉测量世界与三维真实世界的桥梁，标定精度直接影响最终的测量结果，所以视觉测量系统的准确标定是不可或缺的一部分。

二、高速视觉测量系统的应用

（一）基于高速视觉的叉车方向盘的振动测量

叉车作为一种装卸、堆垛和短距离搬用重物的工业器械，其已经成为一种国内产量最高的装卸机械并得到了广泛的运用。但是由于某些结构设计上的缺陷，部分叉车在运行过程中特别是在怠速状态下会出现抖动现象。这种振动不仅会导致零件损坏、结构性能的改变，也会影响与其直接接触的驾驶员从而影响工作质量，因此需要对工况下的振动进行诊断，在明确振动特性的基础上进行减振优化。

通常情况下使用加速度传感器提取方向盘的振动特性，由于需要采集不同位置的振动数据所以需要对方向盘不同位置进行侧点布置。这种加速度传感器的布线十分麻烦，在实际测量过程中传感器用蜡与零部件粘接的，传感器与构件之间有时候会发生相对运动导致测量的数据产生偏差，方向盘本身是一个弧线形结构，增加了加速度传感器测量的难度。使用加速度计测量只能获得振动的加速度信号，不能直观地给出方向盘系统的振动轨迹和振型。

为了测量方向盘是怠速状态下的实际振动，我们使用高速视觉测量系统测量叉车方向盘结构的振动。由于方向盘振动的主要方向是前后和左右的摆动，因此将相机正对于方向盘的盘体，相机通过连杆支撑，与方向盘之间的垂直距离为 60 cm。由于方向盘对象本身征纹理不明显，需要人工在方向盘的中心和边缘粘贴标靶，标靶的大小为 10 mm×10 mm。

启动叉车在怠速稳定后将发动机停机，使用高速视觉测量系统采集发动机运行和停机后方向盘的运动图像，使用基于模板匹配的快速运动位移提取算法，以中心处的标靶为对象完成其在前后和左右两个方向上的运动追踪，获得 x 轴和 y 轴方向上的位移和其频谱。

在两者的频谱曲线中有一个明显的峰值 22. 27 Hz，在明显的峰值附近有

两个小的峰值为 21.4 Hz 和 24.1 Hz。这里有一个有趣的现象，就是当发动机停机的时候系统衰减的频率还是这个频率，由于发动机怠速时候的转速为 680 r/min左右，也就是发动机的激励频率为 22.7 Hz，其频率与高速视觉测盘的数据很相近。

为了验证视觉测量的结果，我们对方向盘系统进行有限元仿真，通过仿真结果与实际测量结果做对比验证有效性以完成对方向盘系统振动的认知。在 ProE 中建立方向盘的有限元模型，省略一些不必要的干扰并假定螺栓链接部位都是刚性接触。对模型结构划分网格、定义材料属性后进行分析。系统的第一阶振型为前后方向的振动，频率为 22.28 Hz，第二阶振型为左右方向的振动，频率为 26.01 Hz，系统超过三阶振型的频率都大于 80 Hz，已经超过发动机的激励频率范围，因此不作为考虑对象。

通过结合有限元仿真和高速视觉测量系统能够完成方向盘动态特性分析，根据分析结果后期可以通过改变系统的参数实现故障排除。在整个实验过程中我们可以看到相对于传统的测量方式，基于高速视觉的测量有着一定的优势，而且通过直接测量结构的位移并绘制轨迹曲线能够给予工作人员对这种运动的信息有一种更加形象的认知。

（二）基于高速视觉的远距离声屏障运动测量

声屏障为高铁沿线上镶嵌在两边用来吸收和降低由于列车高速驶过所产生的振动和噪声，其为高铁沿线的噪声污染控制不可或缺的一部分。随着现阶段高铁的速度不断提高，超高的运行速率会使得列车与声屏障之间产生强烈的空气压力，从而反复的冲击声屏障结构最终产生疲劳损坏，这种损坏会产生一些昂贵的重建和维护费用。虽然关于声屏障的前期研究已取得部分重要研究成果，但是这些都是基于一些仿真软件上的仿真结果，对于实际环境中实验测量并没有突破性的进展。这主要是由于传统的振动测量方式需要在待测物体上安装元件，而声屏障常布置在高架桥上极大地增加了振动测量的难度。而高速视觉测量系统完成声屏障在正常工作环境下的振动测量，并通过图像处理方法获得振动位移。

（三）基于高速视觉的声音信号测量与恢复

声音是由物体振动产生的，是一种通过介质传播并能被人或动物听觉器官所感知的波动现象，当声源发出振动时，声音将会以波的形式振动传播。作为一种压力波，其通过压缩空气引起空气有节奏的振动，空气能将这些振动完好、真实地传输相当长的距离，而当这种有节奏的振动传递到其他介质上面也会引起其表面微小的振动。频率在 20 Hz~20 kHz 之间的声音都是可以被人耳

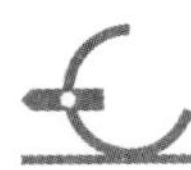

识别的，且对人最为敏感的声音信号在 1～3 kHz 之间。也就是说，声波作为激励源信号其振动的频率在这个范围之间，通过高速视觉测量系统记录这种微小的运动就可以实现声音信号的恢复。

近年来从通过振动对象远程获取声音的技术已经大量的研究，其在监测与安全领域具有重要的实用价值，能够实现远距离谈话的窃听。现有的一些方法是通过激光束或者特殊图案投影到振动表面才能实现远距离的声音获取。当然，并不是所有的对象都适用于声音信号的重建，需要选择适合的材料密度、压缩系数以及形状的对象，这里使用设计的高速视觉测量系统完成一些声音激励纸巾、叶子和塑料袋的振动测量，因为这些材料容易被激励产生振动。测量系统的采样频率为 6 kHz，通过人的说话的声音激励这几种材料。

实际上人的耳朵是声音的一种最好的滤波器，想要获取声音中对我们有用的信息，并不需要将对象的振动信号幅值等信息完整的提取出来，其只需要有一定的能量分布和波形特征就可以使的信号特征被人所理解，因此直接使用基于影像放大的 SVD 提取方法就可以实现材料振动信号的主成分提取，通过人耳主动分辨前几个主成分中是否包含了我们所需要的声音信息，根据实验经验，发现声音信号大部分都是第三主成分的信号中，且通过纸巾材料所获取的声音信号比其他材料所获取的声音分辨率要高。

虽然从高速视觉测量系统提取得到的声音信号相对于直接使用麦克风录取的声音波形有很大的差别，也就是信号中不能完全保留声音信号，会受到一部分噪声的干扰。但是提取获得的声音可以听清楚语音的内容，已经能够满足实际的使用要求。说明高速视觉测量系统实现声音信号的恢复是可行，后期可以采用一些更好的处理算法提取视频中的声音信息引发的振动信号，其有很强的应用前景。

第五节　深空探测中的地形制图应用

本节主要通过基于改进动态规划法的月面地形三维重建实现深空探测中的地形制图应用。

一、改进动态规划匹配算法

（一）行列双向寻优

立体匹配是地形三维重建的关键，通过导航相机影像恢复地形的前提条件

是相机需要经过严格的内外参数标定，本书研究的立体像对都是假定已完成了极线校正的影像，地形重建效率仅和匹配算法有关。在两幅图像建立全局稠密匹配首先要利用测度函数建立视差空间，即首先以一幅图像为待配准图像，以另一幅图像作为参考图像，逐像素的以配准图像像元为中心建立模板窗口，在参考图像中平移模板窗口卷积计算测度函数值。常用的测度函数包括：误差和函数、误差平方和函数、规范化互相关系数等。本文使用的测度函数是规范化互相关系数。

（二）动态种子点

导航相机由于其自身性质决定，其拍摄的内容主要为巡视器附近的月球表面地形，地形影像具有典型纹理重复、遮挡和阴影的特点，这类影像在动态规划中对控制点的要求需要有严格的约束。Bobick 和 Intille① 提出利用相关灰度重复匹配来获取控制点，计算全图控制点然后将其费用赋为 0 迫使跟踪路径通过控制点，全局计算效率较低，而且由于约束条件单一，应用在月表影像中来提取控制点错误率较高。

本书在 Bobick 的控制点基础上提出动态种子点思想，进行分段式动态规划。最优路径的视差跟踪要满足连续性约束，实现最小化能量转移函数，但在图像灰度梯度出现跃变的位置，尤其是遮挡和阴影的位置，容易引起能量的不连续过渡，导致规划路径中断，动态设立高质量的种子点开始分段路径规划可以有效解决这一问题，而且避免计算全局控制点带来的效率低的问题。本书研究中认为列方向上连续三个点的匹配测度函数最大值都小于规定的阈值，则判定跟踪路径出现中断，需要设立新的种子点。

作为种子点的像素必须要满足几个基本准则：首先，必须是高似然度；然后，必须满足左右图像互为唯一对应点；最后，要避免将毛刺点作为种子点。

如果继续按照连续性约束搜索匹配点将造成后续的匹配结果连续的错误，这时就需要重新确立种子点。利用种子点准则在最大范围内的搜索种子点，然后左右影像双向确定种子点，接着开始一段新的规划路径，按照行列双向约束的机制在视差空间中搜寻最优路径，完成匹配图像的视差计算。

（三）视差滤波

完成了全局匹配以后的视差图仍有可能存在部分错误匹配，主要原因是原

---

① Bobick A F, Intille S S. Large occlusion stereo [J]. International Journal of Computer Vision (50920-5691), 1999 (3): 181-200.

始影像存在噪声区域，这会导致分段规划中可能有几个连续的噪声像素形成一段独立的规划路径。对此现象，利用一个 $a \times b$ 大小的中值滤波器对整幅视差图进行处理，可以有效地平滑掉噪声，并保留全局的其他正确匹配结果。

二、实验分析

（一）实验基础与实验步骤

这里的实验采用嫦娥二期工程月球车实验数据，图像内容为模拟月球环境下的数字地形影像。图像中包括土坑、石块和一定坡度等典型地形特征。利用C++语言编写多线程处理程序，利用处理器多核并行处理提高动态规划算法的计算速度。

地形三维重建的主要步骤包括：

第一步，对图像进行极线校正和影像增强等预处理，得到校正后的立体像对；

第二步，利用改进动态规划影像匹配算法对两幅校正影像进行密集匹配，得到匹配点集合；

第三步，使用相机标定的外方位元素结果通过数字摄影测量前方交会严密解法，将匹配点集合中的点逐点计算出对应空间点的三维坐标值，得到三维散点数据；

最后，将三维点云数据做栅格化处理，生成规则化的 DEM 和数字正射影像图 DOM 等数字产品。

（二）实验结果及其分析

三种方法恢复的点云地形的比较图显示了局部匹配算法、扫描线动态规划算法和改进动态规划法三种匹配算法恢复地形的点云图像，从平视效果中可以看出，局部算法存在大量的飞点，错误率较高；扫描线动态规划法解决了飞点问题，但出现带状地形；改进的动态规划法效果最佳，真实地反应地形信息，恢复空间点云效果图进一步展示了恢复点云正视和斜视的空间结构，从中可以看到土坑和石块的位置信息和形状信息得到了完整的重建。

为了进一步对恢复结果做定量分析，在恢复点云中分别在四个土坑和一个石块上各选取一个检核点，对应图上地物编号（1，2，3，4，5），将其三个方向的坐标与激光扫描仪数据相减，得到比对结果如表 7-1 所示。从中可以看出，三个方向的恢复精度为 X 方向优于 Y 方向优于 Z 方向；并且由于成像视线接近水平的原因，比对结果中离摄影中心越远的位置恢复精度越低。整体而

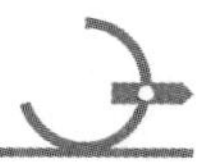

言，剔除标定误差影响条件下，恢复的整幅地形数据最大的空间偏差小于12 cm，满足设计需求。

表 7-1　实验结果与激光扫描仪实测数据比对

target	1	2	3	4	5
$\|\Delta x\|$	0.017	0.019	0.019	0.036	0.033
$\|\Delta y\|$	0.021	0.034	0.035	0.051	0.048
$\|\Delta z\|$	0.033	0.060	0.068	0.081	0.074

总之，上述对月面巡视探测器导航地形重建工作中的影像匹配方法进行了研究，为适应月面低照度、缺乏纹理和遮挡等成像环境提出改进动态规划匹配算法，大大改善匹配精度和可靠性。传统动态规划法沿扫描线进行规划，运算速度快，但一定程度牺牲了匹配精度，通过动态设立种子点并基于行列双向约束建立视差空间，在其中规划求得整体最优匹配解。实验结果证明改进的匹配算法可行性强，精度可靠，该研究可以直接服务于我国的探月工程二期的着陆区和巡视探测区域地形测绘和月球车导航，并为今后的深空探测提供技术储备。

参考文献

[1] 蔡利梅．数字图像处理［M］．徐州：中国矿业大学出版社，2014.

[2] 陈兵旗．实用数字图像处理与分析［M］．北京：中国农业大学出版社，2008.

[3] 陈传波，金先级．数字图像处理［M］．北京：机械工业出版社，2004.

[4] 陈会，密保秀，高志强．结构光三维重建系统中投影仪的标定［J］．科学通报，2014（12）：1069-1078.

[5] 陈天华．数字图像处理［M］．北京：清华大学出版社，2007.

[6] 迟健男．视觉测量技术［M］．北京：机械工业出版社，2011.

[7] 邓继忠，张泰岭．数字图像处理技术［M］．广州：广东科技出版社，2005.

[8] 范晶晶．基于多视点图像的摄像机标定技术研究［D］．南京邮电大学，2011.

[9] 范莹．基于双目视觉的图像匹配与定位技术的研究［D］．无锡：江南大学，2016.

[10] 郭继平，李阿蒙，于冀平，宋涛，伍沛刚．双目立体视觉动态角度测量方法［J］．中国测试，2015（7）：21-23，36.

[11] 郭斯羽．面向检测的图像处理技术［M］．长沙：湖南大学出版社，2015.

[12] 郭文强，侯勇严．数字图像处理［M］．西安：西安电子科技大学出版社，2009.

[13] 何东健．数字图像处理［M］．西安：西安电子科技大学出版社，2015.

[14] 黄爱民，安向京，骆力，等．数字图像处理与分析基础［M］．北京：中国水利水电出版社，2005.

[15] 霍宏涛．数字图像处理［M］．北京：北京理工大学出版社，2002.

[16] 贾阳，刘少创，李明磊，等．利用降落影像序列实现嫦娥三号系统着陆点高精度定位［J］．科学通报，2014（19）：1838-1843.

[17] 贾永红．数字图像处理［M］．武汉：武汉大学出版社，2015.

[18] 荆鑫．计算机视觉中双目立体匹配技术的研究［D］．南京：南京理工大学，2013.

[19] 雷秀军．高速视觉动态测量系统关键技术与应用研究［D］．合肥：中国科学技术大学，2016.

[20] 李俊山，李旭辉．数字图像处理［M］．北京：清华大学出版社，2007.

[21] 李明磊，刘少创，彭松，等．基于改进动态规划法的月面地形三维重建［J］．光电工程，2013（10）：6-11.

[22] 梁明辉，王得伟，陈嘉卿，等．采用双目十字激光的立体视觉检测与三维重建［J］．数字技术与应用，2017（11）：69-72.

[23] 林琳．机器人双目视觉定位技术研究［D］．西安：西安电子科技大学，2009.

[24] 刘秀晶，刘峰，胡栋．数字图像处理教程［M］．北京：清华大学出版社，2011.

[25] 柳林．数字图像处理实验指导教程［M］．杭州：浙江大学出版社，2014.

[26] 陆玲，王蕾，桂颖．数字图像处理［M］．北京：中国电力出版社，2007.

[27] 毛佳红，娄小平，李伟仙，等．基于线结构光的双目三维体积测量系统［J］．光学技术，2016（1）：10-15.

[28] 莫德举，梁光华．数字图像处理［M］．北京：北京邮电大学出版社，2010.

[29] 牛海涛．双目立体视觉关键技术研究［D］．苏州：苏州大学，2011.

[30] 裴聪．基于计算机视觉中双目立体匹配技术研究［D］．镇江：江苏大学，2010.

[31] 秦志远，李超群．数字图像处理［M］．北京：解放军出版社，2004.

[32] 邱光帅．双目立体视觉在机器人三维重建定位中的方法研究［M］．昆明：昆明理工大学，2005.

[33] 阮秋琦．数字图像处理基础［M］．北京：清华大学出版社，2009.

[34] 孙金晨．静态场景的三维视觉重建关键技术研究［D］．沈阳：东北大学，2013.

[35] 孙新领，谭志伟，杨观赐．双目立体视觉在人形机器人三维重建中的应用［J］．现代电子技术，2016（8）：80-84，87.

[36] 田岩，彭复员．数字图像处理与分析［M］．武汉：华中科技大学出版社，2009.

[37] 王慧琴．数字图像处理［M］．北京：北京邮电大学出版社，2006.

[38] 王杰琼．双目立体视觉匹配方法研究［D］．昆明：昆明理工大学，2016.

[39] 王鹏，杨毓馨．视觉测量图像处理关键算法的研究［J］．科技资讯，2013（15）：1.

[40] 王润辉．数字图像处理［M］．北京：清华大学出版社，2013.

［41］ 王一丁，李琛，王蕴红．数字图像处理［M］．西安：西安电子科技大学出版社，2015.
［42］ 吴国平．数字图像处理原理［M］．武汉：中国地质大学出版社，2007.
［43］ 夏良正，李文贤．数字图像处理［M］．南京：东南大学出版社，2005.
［44］ 夏瑞雪，陈琳．精密视觉测量中的测量引导方法［J］．仪表技术与传感器，2015（11）：97-100，104.
［45］ 辛洪兵，王文静．计算机数字图像处理［M］．北京：国防工业出版社，2015.
［46］ 徐德，谭民，李原．机器人视觉测量与控制［M］．北京：国防工业出版社，2016.
［47］ 徐杰．数字图像处理［M］．武汉：华中科技大学出版社，2009.
［48］ 许录平．数字图像处理［M］．北京：科学出版社，2007.
［49］ 燕磊．双目视觉三维重建技术研究［D］．天津：天津理工大学，2017.
［50］ 杨景豪，刘巍，刘阳，等．双目立体视觉测量系统的标定［J］．光学精密工程，2016（2）：300-308.
［51］ 姚敏，等．数字图像处理［M］．北京：机械工业出版社，2006.
［52］ 余松煜，周源华，张瑞．数字图像处理［M］．上海：上海交通大学出版社，2007.
［53］ 禹晶，孙卫东，肖创柏．数字图像处理［M］．北京：机械工业出版社，2015.
［54］ 占栋．线结构光视觉测量关键技术及在轨道交通巡检中应用［D］．成都：西南交通大学，2015.
［55］ 张大治．刑事数字图像处理原理与实务［M］．成都：四川大学出版社，2015.
［56］ 郑楷鹏．摄像机标定及立体匹配技术研究［D］．南京：南京理工大学，2016.
［57］ 郗继贵，等．视觉测量原理与方法［M］．北京：机械工业出版社，2012.